Francisco Adrián Elizondo Mendoza

PLANEACIÓN ESTRATÉGICA PARA EL CAMBIO DIGITAL

Francisco Adrián Elizondo Mendoza

PLANEACIÓN ESTRATÉGICA PARA EL CAMBIO DIGITAL

Caso: Instituto de Educación Superior en Ecuador

Editorial Académica Española

Imprint

Any brand names and product names mentioned in this book are subject to trademark, brand or patent protection and are trademarks or registered trademarks of their respective holders. The use of brand names, product names, common names, trade names, product descriptions etc. even without a particular marking in this work is in no way to be construed to mean that such names may be regarded as unrestricted in respect of trademark and brand protection legislation and could thus be used by anyone.

Cover image: www.ingimage.com

Publisher:
Editorial Académica Española
is a trademark of
Dodo Books Indian Ocean Ltd. and OmniScriptum S.R.L publishing group

120 High Road, East Finchley, London, N2 9ED, United Kingdom
Str. Armeneasca 28/1, office 1, Chisinau MD-2012, Republic of Moldova, Europe
Printed at: see last page
ISBN: 978-613-9-40867-2

DEDICATORIA

El actual proyecto llamado, Planeación estratégica para la transformación digital. Caso: Instituto de Educación Superior en Ecuador, se lo dedico, a mi esposa, hijos y padre ya que ellos son parte fundamental en mi vida por darme la confianza necesaria para lograr mis metas, a los que doy gracias por estar en esos momentos de dificultades brindándome todo su apoyo incondicional, su amor y comprensión.

ÍNDICE GENERAL

ÍNDICE DE FIGURAS

RESUMEN

En la actualidad, los Planes Estratégicos sobre las tecnologías de información, es una iniciativa productiva en las empresas, sean estas públicas y/o privadas, ya que a través de ellos apoyarán al cumplimiento de todos los objetivos estratégicos en la búsqueda de la mejora continua en las empresas.

La razón por la que se realiza este trabajo investigativo es con el fin de cumplir el objetivo es, elaborar un Plan Estratégico aplicando la metodología PETI para la transformación digital del Instituto Superior Tecnológico Babahoyo en Ecuador, donde se consolidan todos los esfuerzos de indagación, diseño y propuesta de implementación, que cuenta con un departamento de TIC y un plan inexistente o formalizado.

González Millán, J. J. & Rodríguez Díaz, M. T. (2019), afirman que la planificación estratégica se entiende como el primer paso en el proceso de gestión que implica proyectar o visualizar los objetivos y cómo se van a alcanzar.

De otro modo, la planeación estratégica es una herramienta que toda institución competitiva debe de implementar y que gracias a ella es posible decidir hacia donde se quiere llegar, por tal movido se deduce que los componentes que la conforman son, la misión, valores y principios en los cuales funciona la institución, las estrategias, es el patrón que integran las metas y políticas de la institución, metas u objetivos son los que establecen lo que se quiere lograr y cuando deben alcanzarse, y los limites en que se deben ejecutar las acciones, programas, estos se manifiestan en la secuencia que se deben seguir para alcanzar los objetivos **(Fuentes Barros, E. T., 2019).**

Además, las tecnologías de información admiten el almacenamiento, intercambio y procesamiento de la información. La gobernanza de estas tecnologías tiene como objetivo desarrollar sistemas de información que ayuden a resolver problemas de gestión y satisfacer las necesidades de la gestión organizacional. **(Espinoza Freire, E. E., Toscano Ruíz, D. F., & Torres Ortiz, S. E., 2019).**

La metodología utilizada para el desarrollo de la investigación, fue bajo el enfoque cualitativo por la magnitud de los datos obtenidos de los involucrados de cada comisión permanente del lugar de estudio, guiado bajo el diseño de proyectos, siendo esta una investigación de acción con corte meramente transversal, se estipula que la población utilizada es de veintitrés (23) usuarios asignados a cada una de las comisiones de la institución, además se usó las técnicas de la entrevista y el análisis de documentos, de los instrumentos para la recolección de datos se aplicó la correspondiente guía de entrevista y fichas de registro de datos bibliográfico, para el desarrollo del plan estratégico de tecnología se utilizó la metodología del mismo nombre por sus siglas PETI.

Como resultado final del proceso investigativo se obtuvo un plan estratégico de tecnología de la información completo, el cual refleja las distintas fases de aplicación de la metodología PETI iniciando por el análisis de la situación actual de la institución de educación, su modelo organizacional planteado, el modelo de tecnología propuesto, su respectivo modelo de planeación e implementación y se concluye además con el cumplimiento del cien por ciento de cada uno de los objetivos del informe final.

Palabras clave

[Plan estratégico Tics; Metodología Peti; Estrategias tecnológicas; Dirección estratégica Tics; Transformación digital.]

ABSTRACT

At present, the Strategic Plans on information technologies are a productive initiative in companies, whether they are public and/or private, since through them they will support the fulfillment of all strategic objectives in the search for continuous improvement in the companies.

The reason why this investigative work is carried out is in order to fulfill the objective, to develop a Strategic Plan applying the PETI methodology for the digital transformation of the Instituto Superior Tecnológico Babahoyo in Ecuador, where all the efforts of investigation, design and implementation proposal, which has an ICT department and a non-existent or formalized plan.

González Millán, J. J., & Rodríguez Díaz, M. T. (2019), affirm that strategic planning is understood as the first step in the management process that implies projecting or visualizing the objectives and how they are going to be achieved.

Otherwise, strategic planning is a tool that every competitive institution must implement and that thanks to it it is possible to decide where it wants to go, for such a move it is deduced that the components that make it up are, the mission, values and principles in which the institution works, the strategies, is the pattern that integrates the goals and policies of the institution, goals or objectives are those that establish what is to be achieved and when they must be reached, and the limits in which the actions must be executed , programs, these are manifested in the sequence that must be followed to achieve the objectives **(Fuentes Barros, E. T., 2019).**

In addition, information technologies support the storage, exchange and processing of information. The governance of these technologies aims to develop information systems that help solve management problems and meet the needs of organizational management. **(Espinoza Freire, E. E., Toscano Ruíz, D. F., & Torres Ortiz, S. E., 2019).**

The methodology used for the development of the research was under the qualitative approach due to the magnitude of the data obtained from those involved in each permanent commission of the place of study, guided by the design of projects, this being an action research with a cut merely cross-sectional, it is stipulated that the population used is twenty-three (23) users assigned to each of the commissions of the institution, in addition to using the techniques of the interview and the analysis of documents, of the instruments for data collection was applied the corresponding interview guide and bibliographic data record sheets, for the development of the strategic technology plan, the methodology of the same name was used by its acronym PETI.

As a final result of the investigative process, a complete information technology strategic plan was obtained, which reflects the different phases of application of the PETI methodology, starting with the analysis of the current situation of the educational institution, its proposed organizational model, the proposed technology model, its respective planning and implementation model and it is also concluded with the fulfillment of one hundred percent of each of the objectives of the final report.

Keywords

[Tics strategic plan; Peti Methodology; Technological strategies; Strategic direction Tics; Digital transformation.

INTRODUCCIÓN

En las empresas actuales la calidad es un elemento clave, teniendo como apoyo incondicional las tecnologías de la información (TI), bajo la necesidad de un cambio constante en su forma de gestionar los procesos sistemáticamente, enfocados a los servicios que ofrecen. **Gutiérrez, C. (2018)** expresa que los planes estratégicos establecen la guía a seguir para lograr alcanzar los objetivos trazados por las empresas.

Por otro lado, el cambio digital está coordinado directamente con la cultura y la fuerza laboral, siempre en conjunto con la tecnología, permitiendo nuevos modelos operativos que transforman los procedimientos, la estrategia y el importe de una institución, para las instituciones universitarias este cambio debe ser general en su misión, pero debe de hacerse desde una perspectiva estratégica, incluyendo una redefinición del modelo institucional implementando tecnologías y procesos digitales más efectivos. De acuerdo a **García-Peñalo, F., & Correl, A. (2020),** exponen que para un auténtico cambio digital se requiere de la aplicación de la reingeniería de procesos y el involucramiento del elemento más crítico de la institución que son, las personas.

La motivación del tema elegido, nace con la necesidad de la institución estudiada de diseñar un plan estratégico de TI para la transformación digital de la misma, mejorando los procesos, apoyando a una posible acreditación bajo los estándares especificados por el Consejo de Aseguramiento de la Calidad de Educación Superior del Ecuador, alineados a su plan estratégico de desarrollo institucional (PEDI).

El desarrollo de este proyecto es conveniente para la institución, ya que no existe el plan antes mencionado, además aporta las estrategias necesarias, así como la cartera de proyectos informáticos y tecnologías que se deben implementar, por lo que resulto de especial interés, realizar el análisis situacional completo de la institución de Educación Superior seleccionada.

Se manifiesta que se tomó como base una gran cantidad de proyectos de igual índole aplicados en empresas públicas y privadas que sirvieron como orientación base para el diseño del plan, es el caso de **Pedraza Albuquerque, E. (2019),** con su trabajo de investigación con el título "desarrollo del planeamiento estratégico de TI para mejorar la gestión educativa en la I.E. Politécnico, Pedro Abel Labarthe Durand en Chiclayo-Perú", en el que se encontró con dificultades en la gestión de las tecnologías de información y el mal manejo de sus áreas, así mismo es el caso de **Choque, V. (2018),** que desarrollo como trabajo investigativo un "plan estratégico de TI orientado al éxito de proyectos en instituciones de educación superior", en el que estipuló el planeamiento de propuestas sobre proyectos informáticos que debían generar valor a la institución, así como también otras investigaciones que facilitaron el desarrollo de este proyecto.

Por otra parte, esta investigación trata de contribuir y ampliar los datos existentes sobre el diseño de estrategias y planes de tecnologías para contrastarlos con otros estudios realizados y analizar las posibles variantes estratégicas según la estructura y procesos institucionales. Además, este trabajo tiene una utilidad metodológica, ya que a través de ella podrían hacerse futuras investigaciones, de tal manera que posibiliten el análisis e intervenciones para la prevención de riesgos que comprometan el buen uso e implementación de tecnologías de la información en las instituciones.

En esta investigación se estipuló el objetivo general a cumplir que fue "Desarrollar un plan estratégico para el cambio digital del Instituto Superior Tecnológico Babahoyo de Ecuador", del cual se desprendieron cuatro (4) objetivos específicos de los que se pueden mencionar, como primer objetivo específico, Analizar la situación actual mediante la revisión documental y entrevistas aplicadas a los directivos y coordinadores del Instituto Superior Tecnológico Babahoyo para verificar cuáles son las necesidades tecnológicas que afrontan sus departamentos. Como segundo objetivo específico se tiene, Identificar el modelo organizacional mediante la verificación del plan estratégico, institucional y reglamento interno del Instituto Superior Tecnológico Babahoyo para conocer sus objetivos, estrategias, estructura organizacional y funciones departamentales. Como tercer objetivo específico se planteó, Diseñar una propuesta de plan estratégico mediante la aplicación de la metodología PETI para facilitar el cambio digital del Instituto Superior Tecnológico Babahoyo. Y, como cuarto objetivo específico se obtuvo, Desarrollar una propuesta de implementación del plan estratégico mediante directrices claras para facilitar su correcta ejecución en el Instituto Superior Tecnológico Babahoyo.

Por último, se refleja la estructura de este trabajo de investigación, que se compone de cinco (5) capítulos, empezando por él, Capítulo I que aborda el planteamiento de la Investigación, conformado por una introducción base, planteamiento del problema, formulación del problema, objetivos, hipótesis, delimitación y la justificación. Como apartado siguiente se encuentra el Capítulo II en referencia al Marco Teórico, con sus sub apartados, la fundamentación teórica, marco institucional y el estado del arte. Por otro lado, el Capítulo III, que expone la metodología de investigación utilizada para el desarrollo del proyecto, iniciando con la introducción del apartado, el enfoque propio de la investigación, diseño investigativo, el tipo, variables de estudio, población, técnicas e instrumentos y procedimientos de la investigación. Continuando con el Capítulo IV que contiene la solución propuesta, empezando con la introducción del apartado y el desarrollo de la propuesta.

Como último apartado se presenta el Capítulo V, que manifiesta los resultados obtenidos y la discusión de los mismos, finalmente se acentúan las conclusiones y recomendaciones del trabajo realizado.

15

1. CAPÍTULO 1: PLANTEAMIENTO DE INVESTIGACIÓN

1.1. Introducción

En este capítulo se podrá constatar el planteamiento próximo del problema con una perspectiva a nivel global, nacional, y local, por otro lado, se formulará la pregunta(s) de investigación, los objetivos del proyecto, las hipótesis necesarias, la delimitación espacial, temporal y académica, y, por último, la justificación del proyecto desde una óptica de pertinencia teórica, práctica y metodológica.

1.2. Planteamiento del problema

Actualmente, la calidad es un elemento clave para las empresas dedicadas a la educación superior, teniendo como fuente de apoyo a las tecnologías de la información, existiendo progresivamente la necesidad en la mejora de los procesos y las operaciones enfocándose a los servicios que brindan. Asimismo, la planificación, es un componente estratégico, asegura la continuidad del modelo de negocio. Dicho lo anterior, **Gutierrez, C. (2018)** manifiesta también que un plan estratégico establece los pasos a seguir para alcanzar los objetivos marcados por las empresas.

El cambio digital es la trasformación profunda y coordinada de cultura y la fuerza laboral en conjunto con la tecnología permite nuevos modelos educativos y operativos que transforman los procedimientos, la dirección de la estrategia y el compromiso de valor agregado en una institución. Por tanto, para las Instituciones Universitarias, esta transformación debe ser global para su misión, pero debe hacerse desde una perspectiva estratégica, incluyendo una redefinición del modelo institucional. En resumen, seguir implementando tecnologías y procesos digitales no siendo esto un problema, se trata de incorporar una capa de tecnología más efectiva. **García-Peñalo, F., & Correl, A. (2020),** indican que la verdadera transformación digital requiere una reingeniería de procesos e involucra al elemento más crítico de la institución, las personas. Por ende, implica un reto tecnológico, que ha de conjugarse con el de incluir al personal existente en la institución para que estas tecnologías se adopten de la forma más transparente y así lograr la innovación de los procesos en las empresas, sean estas públicas o privadas.

A nivel mundial los sistemas económicos se han visto gravemente afectados por esta pandemia del Covid-19 y América Latina es quizás la más afectada. Las instituciones de educación superior no son una particularidad ajena, indudablemente debido a sus características serán afectadas también por la pandemia. No está perdido todo, porque aquí es donde la planificación puede marcar la diferencia entre la sostenibilidad y el posible éxito durante un lapso de tiempo, o el fracaso y el cierre del negocio. **Huilcapi, N., Troya, K., & Ocampo, W. (2020)** aducen que la pandemia está permitiendo reevaluar a las empresas en su productividad y la utilización de la tecnología en sus procesos con fines de mejoramiento de sus prácticas de gestión y sus procedimientos institucionales.

Sin embargo, con respecto a instituciones públicas de Educación Superior seleccionada para el estudio, acarrea un gran problemática al igual que las demás empresas a nivel nacional, su falencia al integrar la planificación estratégica de las tecnologías de la información (PETI) con el plan estratégico institucional, negándoles así, una transformación digital más eficiente con el fin de mejorar en un alto porcentaje sus procesos y su acreditación institucional, esta evaluación es ejecutada por el ente evaluador *"Caces"* en el Ecuador, por tal motivo tienen la necesidad de desarrollar e integrar lo más pronto posible las TIC en sus procesos para un cambio digital efectivo.

De otro modo, este problema está acompañado de un conjunto de causas de las cuales se mencionan, la falla en la identificación de las necesidades tecnológicas, el escaso conocimiento sobre el modelo organizacional, la falta de modelos de tecnologías de información alineado al plan estratégico institucional, y la falta de modelos completos de ejecución de la estrategia tecnológica, para un mejor conocimiento más profundo de las causas y efectos revisar el anexo 1 de este documento.

Por el contrario, las causas van de la mano con sus respectivas consecuencias de las cuales se denotan, el desconocimiento de las necesidades tecnológicas de los departamentos, el bajo conocimiento de las estrategias y políticas para alcanzar la misión de la institución, el uso incorrecto de tecnologías, y por último la mala integración de las estrategias de tecnologías para el cambio tecnológico de la institución. Si, este problema persiste, la institución será afectada en el incumplimiento de sus procesos o incluso en su acreditación y/o en contraste fracasará en su intento por el cambio digital de toda la institución de educación superior.

Para buscar una solución efectiva a este problema, en primer lugar se realizará un análisis situacional de la empresa para verificar las falencias tecnológicas existentes, luego se revisará e identificará el modelo de negocio vigente, por otra parte, se diseña el plan estratégico de tecnologías para mejorar el cambio digital, con base a la exhaustiva revisión de documentos y la información recabada de los departamentos permanentes de la institución, por último y no menos importante se desarrollará un plan de implementación que proporcionará una adecuada adaptación y evitará la resistencia al cambio digital de la institución en su personal.

1.3.   Formulación del problema

¿De qué modo, el Plan Estratégico facilitará el cambio digital en Instituciones de Educación Superior en Ecuador?

1.4.   Objetivos

1.4.1. Objetivo general

Elaborar un Plan Estratégico aplicando la metodología PETI para la transformación digital del Instituto Superior Tecnológico Babahoyo en Ecuador.

1.4.2. Objetivos específicos

- Analizar la situación actual del Instituto Superior Tecnológico Babahoyo para determinar las necesidades tecnológicas y operativas que afrontan sus departamentos.

- Identificar el modelo organizacional del Instituto Superior Tecnológico Babahoyo para la propuesta de objetivos estratégicos, estructura organizacional, y funciones departamentales.

- Diseñar el modelo de tecnología para facilitar el cambio digital del Instituto Superior Tecnológico Babahoyo.

- Elaborar el modelo de planeación mediante directrices claras para facilitar la correcta ejecución de los proyectos de tecnologías de la información en el Instituto Superior Tecnológico Babahoyo.

1.5.   Hipótesis

1.5.1. Hipótesis de investigación

La elaboración del Plan Estratégico influye en el cambio digital de las instituciones de Educación Superior en Ecuador

1.5.2. Hipótesis Nula

La elaboración del Plan Estratégico no influye en el cambio digital de las instituciones de Educación Superior en Ecuador

1.5.3. Hipótesis Alternativa

La elaboración del Plan Estratégico influye de forma positiva en el cambio digital de las instituciones de Educación Superior en Ecuador

1.6. Delimitación

1.6.1. Delimitación Espacial

El desarrollo de este proyecto se llevará a cabo en la Institución Superior de Educación, con el nombre *"Instituto Superior Tecnológico Babahoyo"* que se encuentra ubicado en la avenida Enrique Ponce Luque de la ciudad de Babahoyo en Ecuador, sin embargo, para la recolección de datos es necesario involucrar la participación activa de los directivos y coordinadores de cada departamento de la institución y así obtener datos precisos y concisos, claves para el desarrollo del proyecto.

1.6.2. Delimitación Temporal

Los datos que serán considerados para realizar este proyecto con el nombre "Planeación Estratégica para la transformación digital Caso: Educación Superior en Ecuador", se verificarán del año 2021 en un periodo aproximado a cinco (5) meses desde la aprobación del tema y estructura del proyecto.

1.6.3. Delimitación Académica

Este proyecto se elabora como prerrequisito indispensable solicitado por la universidad de estudio para la obtención del título de Master en Dirección Estratégica en Ingeniería de Software, es por ello que se sustentará la bibliografía utilizada, Instrumentos y técnicas para el desarrollo del Plan Estratégico y obtener resultados favorables, además se complementará con el uso de aspectos y teorías relacionados con los módulos cursados durante todo el programa de posgrado.

1.7. Justificación

Hoy en día las tecnologías de información son una herramienta infaltable en las empresas públicas o privadas e ineludible su ejecución para el logro de los objetivos estratégicos, es por ello que la falta de estrategias aplicadas a las tecnologías de la información (TI) afectan el cambio digital de las Instituciones de educación superior en Ecuador, generado un inestable desempeño en el cumplimiento de los procesos o actividades de estas instituciones a través de sus herramientas tecnológicas, esto se debe probablemente a la mala coordinación entre las TI y la estrategia institucional global. Por lo que, resulta de especial interés realizar un análisis completo previo de la situación actual de la institución seleccionada como objeto de estudio, su modelo organizacional, y a partir de ahí, diseñar un plan estratégico de TI que permita el cambio digital alineado a las estrategias de la institución.

Por el contrario, existen diversos estudios relacionados con este proyecto, desarrollados para otras instituciones públicas y privadas, las cuales servirán como base inicial y guía para definir el curso de la investigación a realizar, se puede mencionar el trabajo de **Pedraza Albuquerque, E. (2019)**, en el que clarifica el proceso del *"Planeamiento Estratégico de Tecnología para mejorar la gestión educativa en la I.E. Politécnico, Pedro Abel Labarthe Durand en Chiclayo-Perú"*, ya que esta institución presentaba dificultades en su gestión en cuanto al manejo y control en sus departamentos a través de las tecnologías de información, otro de los trabajos que se referencia es el de **Choque, V. (2018)**, al crear un "Plan Estratégico de TI orientado al éxito de proyectos en instituciones de educación superior" en el que especifica la necesidad de concebir el planteamiento de propuestas de proyectos informáticos que generen valor para la institución.

Sin embargo, **Chinkes, E., & Julien, D. (2019),** en la investigación *"Las instituciones de educación superior y su papel en la era digital: Cambio digital de las universidades",* ha llegado a la conclusión de que está pasando una nueva era, la llamada era digital, y la evidencia obtenida de las principales tecnologías disruptivas está teniendo un fuerte impacto en la sociedad, en el camino indagatorio sobre el tema se encontraron una gran variedad de trabajos lanzados a todo tipo de empresas en el país y fuera de él.

El presente trabajo es conveniente porque trata de afianzar un mayor conocimiento y enfoque de alineación de la estrategia institucional con las Tecnologías de Información y la transformación de un ambiente tradicional a un ambiente enteramente digital, más productivo y ágil en el cumplimiento óptimo de los procesos y acreditación de la institución.

Por otra parte, la investigación contribuye a ampliar los datos sobre el diseño de estrategias y planes de tecnología de la información para contrastarlos con otros estudios similares, y analizar las posibles variantes estratégicas según su estructura organizacional, procesos, la gestión de la institución y el contexto en que se desenvuelven.

Este trabajo tiene una utilidad metodológica, ya que podrían realizarse futuras investigaciones que utilizarán metodologías compatibles, de manera que se posibilitan el análisis conjunto, comparaciones e intervenciones que se estuvieran llevando a cabo para la prevención de riesgos que comprometan el buen uso e implementación de las tecnologías de la información en la institución. La investigación es viable, pues se dispone de los recursos necesarios para llevarse a cabo bajo los lineamientos exigidos por la entidad.

2. CAPÍTULO II: MARCO TEÓRICO

2.1. Introducción

En este capítulo se presenta el apartado de la fundamentación teórica que contiene los conceptos y teorías necesarias para ahondar y entender el tema investigado, por el contrario, también se manifiestan el estado del arte o los antecedentes del estudio donde se incluirá referencia de investigaciones de otros autores de relevancia para el estudio y que ayudan a orientar o encaminar este proyecto.

2.2. Fundamentación teórica

2.2.1. Planeación Estratégica

La planificación de la estrategia institucional, es el paso principal en la aplicación de métodos que permite a una organización seguir siendo competitiva en un entorno en constante cambio (**Chicaiza-Castillo, D., & Redroban Chimbo, K. 2018**). Además, el propósito de la planificación estratégica no es solo visualizar, sino también captar una gran cantidad de actividades relacionadas con el uso regulado de materiales y recursos humanos.

Jacinto, R. J., & Santos, J. P. (2018), afirma que la planificación estratégica es una serie de actividades que se llevan a cabo en secuencia, con el objetivo de prever institucionalmente el futuro y la superación para alcanzar una visión consolidada.

Por el contrario, como ha demostrado **Bernal Payares, O. (2018)**, la planificación estratégica prepara e identifica cómo la organización logrará sus metas de cara a los retos ambientales futuros, avanzando hacia metas reales. De otro lado, también se comprueba que como herramienta de gestión consiente actuar en la toma decisiones para el éxito de las empresas.

Finalmente, **González Millán, J. J., & Rodríguez Díaz, M. T. (2019),** afirman que la planificación estratégica se entiende como el primer paso en el proceso de gestión que implica proyectar o visualizar los objetivos y cómo se van a alcanzar.

Aportando a los puntos de vista de cada autor, se consolida que la planeación estratégica es un conjunto de acciones o pasos a seguir para el cumplimiento óptimo de su objetivo general, es decir, su misión organizacional.

2.2.2. *Componentes de la planeación estratégica*

Fuentes Barros, E. T. (2019), considera que, la planeación estratégica es una herramienta que toda institución competitiva debe de implementar y que gracias a ella es posible decidir hacia donde se quiere llegar, por tal movido concluye que los elementos que la consienten son:

- *La misión,* refleja el objetivo universal de las empresas.
- *Los valores,* Refleja los principios en los cuales funciona la institución.
- *Las Estrategias,* es el elemento que incorpora las políticas y metas de las instituciones.
- *Metas u objetivos,* son los que establecen lo que se quiere lograr y cuando deben alcanzarse.
- *Políticas,* son las normas que exponen los límites necesarios para ejecutar las tareas.
- *Programas,* presenta las instrucciones para lograr los objetivos institucionales.

De los elementos anteriores, dentro de la planificación de la estrategia facilitan el progreso normal de las tareas que llevan al cumplimiento de los objetivos y/o metas trazadas en las instituciones, por otro lado, se debe de realizar seguimientos completos para saber si se está cumpliendo a cabalidad los indicadores institucionales.

2.2.3. *Factores y actores en la planeación estratégica*

La planeación establece varios principios estratégicos que fortalecen la credibilidad y confiabilidad de los procedimientos, dentro de los manifestados por **González Millán, J. J., & Rodríguez Díaz, M. T. (2019)** en su manual de planeación, resaltan los siguientes:

- *El qué ser versus el que hacer,* en este factor se identifican y definen antes que nada la razón de ser de la organización, su actividad económica y lo que se espera logra.
- *El qué hacer versus el cómo hacerlo*; se establecen las tareas que llevan positivamente al cumplimiento del objetivo, anteponiendo la eficacia sobre la eficiencia.
- *Visión sistémica,* elementos que tienen una función definida, que interactúan entre sí, y se ubican dentro de unos límites establecidos que actúan en búsqueda de un objetivo común.
- *Visión de proceso,* en este punto los sistemas son unidades dinámicas, versátiles, y temporales.
- *Visión de futuro,* en esta visión el pensamiento estratégico proactivo se adelanta para incidir en los acontecimientos siendo prospectivo.

- *Compromiso con la acción y con los resultados,* el estratega no es solo un planificador, es un ejecutor y experto que estudia, interviene y valúa, que lograr y que no.

Por otro lado, los actores que actúan en la planeación de la estrategia, son todas las partes que componen la empresa con el fin de consolidar y socializar los procesos necesarios, el mayor recurso de cualquier proyecto siempre será el humano, evitando así una posible resistencia al cambio permanente.

2.2.4. Beneficios de la planeación estratégica

Chicaiza-Castillo, D., & Redroban Chimbo, K. (2018), declaran que los beneficios considerados de la planeación estratégica son:

- Fortalece la gestión eficiente, liberando recursos innecesarios.
- Fortalece el servicio de la institución, ya que evalúa nuevas oportunidades y amenazas, encamina la misión y sitúa efectivamente el curso a tomar la institución.
- Precisa prioridades para la concesión de recursos.
- Promueve la planeación y la comunicación.
- Favorece el cumplimiento de misión, visión y estrategias.

2.2.5. Tecnologías de la Información (TI)

La tecnología de la información permite el procesamiento, almacenamiento e intercambio de información. La gobernanza de estas tecnologías tiene como objetivo desarrollar sistemas de información que ayuden a resolver problemas de gestión, por lo que cuentan con herramientas de información para satisfacer las necesidades de la gestión organizacional. **(Espinoza Freire, E. E.,Toscano Ruíz, D. F. & Torres Ortiz, S. E., 2019).**

A demás de ser un proceso que utiliza una composición de medios y métodos de procesos y transferencia de datos para conseguir nueva información de eficacia sobre el curso de un proceso. La intención del conjunto de técnicas es la obtención de información para su estudio por los sujetos y la toma de medidas para efectuar una acción.

2.2.6. La transformación o cambio digital

La evolución digital se considera como un crecimiento organizacional en una sociedad digital. Es un cambio con una metamorfosis orgánica y estructural que se irá adaptando a través del tiempo, para asegurar su supervivencia, haciendo uso de los medios propios de la compañía, y aprovechando el recurso humano y la situación que la rodea **(Arango Serna, M., Branch, J., Castro-Benavides, L. M., & Burgos, D., 2019).**

Por otra parte, el cambio digital de una empresa es inamovible e impostergable si la misma quiere competir con las grandes marcas que lideran el mercado internacional, deberá de adquirir e implementar tecnología que les ayude en la transición hacia un cabio existencial tecnológico, logrando así una presencia digital activa llegando a sus clientes y colaboradores.

2.2.7. Planeación estratégica de TI

Un plan estratégico de tecnologías de la información es un proceso de reflexión que persigue evaluar de forma efectiva los usos actuales de las TIC dentro de los diferentes procesos organizacionales y su realidad particular, tomando en cuenta variable que entran en juego en los procesos, tales como el contexto, el acceso a las TIC, su uso, los conocimientos, la innovación, la apropiación de la tecnología y las condiciones existentes en la organización **(Chicaiza-Castillo, D., & Redroban Chimbo, k. ,2018)**.

La planeación de TI, incluye a todo el sistema tecnológico que compone la empresa, desde su forma de comunicación digital, hasta los sistemas implementados en ella, y todo artificio tecnológico que le provea un beneficio dentro de la organización y fuera de ella.

2.2.8. Metodología para la planificación de tecnologías de la información

2.2.8.1. Perspectivas generales

La planificación estratégica de TI, se define como el arte en el que se realiza la formulación, implementación y evaluación de las decisiones tecnológicas que asienten a las instituciones para cumplir sus objetivos, por lo que, las personas involucradas en tomar estas decisiones deben asumir claramente las estrategias a seguir y el cómo se adaptaran a los procesos institucionales **(Velázquez-Campozano, M. R., Castillo-García, P. G., & Zambrano-Saavedra, M. E., 2016)**.

Por otro lado, la planeación estratégica del PETI es una metodología que se ha venido aplicando desde hace más de veinte años, en un ambiente de negocios cambiantes, permitiendo la alineación de las estrategias tecnológicas y las estrategias de las instituciones. Abordando factores críticos que soportan las estrategias, y tratando de que la inversión sea justificable. Reforzando en gran medida el cumplimiento del plan estratégico institucional.

2.2.8.2. Beneficios del PETI

Desde su concepción, el PETI tiene la finalidad de apoyar sin duda alguna a cumplir el plan estratégico de las instituciones, siendo posible la implementación de un cuadro de responsabilidad que tendrá algunos de los beneficios siguientes, según **(Velázquez-Campozano, M. R., Castillo-García, P. G., & Zambrano-Saavedra, M. E., 2016)**:

- Alineación de las estrategias institucionales con las tecnologías de información.
- Se definen las necesidades de tratamiento de la información.
- Se obtiene el análisis actual de las instituciones frente al uso de las TI.
- Se elabora una cartera de proyectos informáticos que deben ser implementados.
- Se especifica la arquitectura para el desarrollo de los proyectos informáticos.
- Se obtiene la estructura del departamento de TI.

2.2.8.3.   Objetivos del PETI

Según **Bojacá, J. (2020),** el PETI posee los siguientes objetivos a cumplir:

- Valorar la efectividad de todos los sistemas implementados de TI.
- Solucionar los problemas de control y administración de las TI.
- Evaluar los requisitos de TI con relación a las necesidades priorizadas de las instituciones.
- Planear el retorno rápido de la inversión sobre la TI implementada.
- Enfoque definido para solucionar problemas de control y operativos.
- Acceso a la información en todos los niveles de la institución.
- Implementación de sistemas en beneficio de la administración y/o usuarios.
- Comunicación efectiva a todo el personal vigente en las instituciones.
- Involucramiento de los usuarios responsables.

2.2.8.4.   Fases del PETI

Dentro de la metodología PETI se encuentran las siguientes fases:

Figura 2.1.

Distribución de las Fases del PETI.

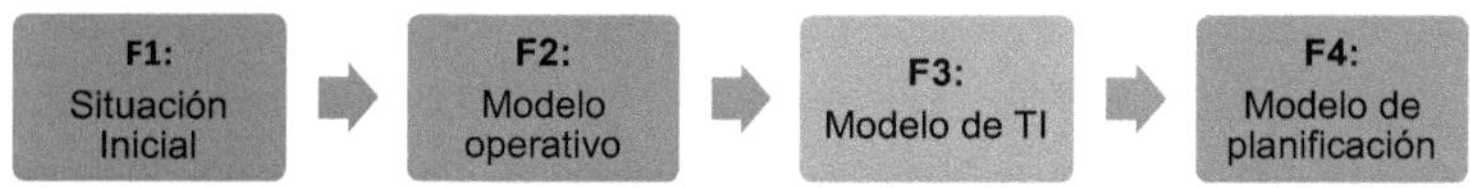

Nota. En la figura 2.1. se aprecia la secuencia de las fases metodológica del PETI, Adaptado de (DPN de Colombia, 2020).

Cada fase en un ámbito secuencialmente relacionado que sirve de guía para la construcción de plan de TI con su respectiva alineación a las estrategias de las instituciones.

La primera fase trata de indagar en la realidad existente de la institución, se busca conseguir el entendimiento de lo que afecta a la estrategia plasmada, mientras que en la fase dos del PETI, se ubica la determinación del modelo de las instituciones con base a su propio entorno estableciendo que las estrategias sea acorde al análisis FODA aplicado, con el fin de plasmar la misión de la institución y su visión, las metas a seguir, continuando con la fase tres, la cual está orientada a obtener las soluciones de TI que mejorarán la ventaja competitiva en el medio que se desenvuelven, las estrategias sobre las Tecnologías fijan los lineamientos tecnológicos y la arquitectura que mejor se adapte a los cambios constantes. Por último, la fase cuatro, en esta fase se identifican los proyectos prioritarios que necesitan ser desarrollados a través de un plan de implementación con la secuencia específica de ejecución de cada proyecto informático concebido (**Urgiles-Siavichay, D. F., & Vizñay-Durán, J. K., 2020**).

2.2.9. *ITIL*

ITIL surge como marco de trabajo el que bosqueja propuestas, opciones y soluciones con la finalidad de mejorar los servicios de tecnología, debido a que no es una norma obligatoria, sino una prescripción, no se necesita implementar todos los requisitos de ITIL, Surge más bien como una compilación de resultados logrados del trabajo diario por peritos en Tecnología e Información (**Sánchez Casanova, F. S., & Coral, M. A., 2021**).

Este framework facilita las mejores prácticas en cuanto a la satisfacción del cliente, la adopción representa en gran medida una decisión muy importante para las empresas que influye significativamente en los servicios que estas prestan, generando beneficios a corto y largo plazo.

2.2.10. *Norma ISO 27005*

La norma 27005, describe los procesos necesarios para gestionar los riesgos en cuanto a la seguridad de la información y las tareas necesarias para la ejecución de la gestión. Presenta buenas prácticas y métodos en ella detalladas, siguen el conocimiento, los modelos y los procesos generales descritos en la norma 27001, además muestra una metodología aplicable para la evaluación y el tratamiento de los riesgos requeridos (**Kowask Bezerra, E., Alcántara Lima, F., Motta, A. C., & Boca Piccolini, J. D., s.f.**).

2.3. Marco Institucional

2.3.1. *Antecedentes históricos de la institución*

El Centro Educativo Nacional Señoritas Babahoyo, ubicado en la ciudad de Babahoyo en la provincia de Los Ríos de Ecuador, fue creado mediante Resolución Ministerial No. 635 del 19 de mayo de 1961, y se catequizó a partir de sus inicios en una entidad con un alto prestigio educativa, que formo a maravillosas jóvenes, que hoy en día son un ejemplo de distinción y compromiso, el entonces Ministro de Educación y Cultura Pública señor Sergio Quirola, decidió debido al aumento de la cantidad de alumnos incluir el bachillerato en Humanidades Modernas, debido al apogeo de incorporaciones de jóvenes a las Instituciones de Educación Superior que inundaban su capacidad operativa.

Tras el crecimiento de la población en la ciudad de Babahoyo y la ampliación exponencial del Centro Educativo Nacional Señoritas Babahoyo, y la salida de egresados de sus aulas, con la dificultad de movilizarse a lugares lejanos y acceder a cupos a carreras universitarias del País, se tuvo una respuesta favorable para la ciudad, ya que bajo la resolución No. 495 suscitadas, el 25 de febrero del año 1986 se autorizó la creación de un ciclo de Post Bachillerato, bajo la denominación de Contabilidad de Costos y Manualidades, que por su parte tuvo una excelente acogida por los estudiantes egresados.

Debido al interés generado por los jóvenes al querer optar por especialidades específicas, se logró, bajo acuerdo Ministerial N.°3.922 suscitada el 12 de mayo de 1986, el cambio de la denominación a Instituto Técnico Superior al Colegio Nacional de Señoritas Babahoyo para posteriormente incrementar sus carreras el 25 de marzo de 1987 bajo logro ministerial N.°421 la creación de las especializaciones en Programación de Sistemas de Cómputo y la carrera de Administración de Empresas en la Sección Post- Bachillerato. Logrando el 24 de julio de 1996 bajo el convenio Ministerial N.° 3.391. la institución cambia su nombre a Instituto Técnico Superior y Tecnológico, ofertando en ese entonces las carreras en Análisis de Sistemas, Diseño de Modas y Gestión Empresarial.

Por otra parte, en el año 2000, un 09 de noviembre, el Director Ejecutivo del CONESUP de la Secretaría Técnica Administrativa a cargo del Lic. Darío Moreira Velásquez, con el registro N° 12-, se logra transformar en el Instituto Tecnológico Superior Babahoyo ITB, registrando el nivel Técnico Superior de las carreras de: Programadores de Sistemas de Cómputo, Contabilidad, Manualidades, Administración Comercial, Contabilidad de Costos, y en el nivel Tecnológico las carreras de: Gestión Empresarial, Diseño de Modas, Informática y Análisis de Sistemas. Para más tarde, en el 2006, un 01 de agosto, se autoriza el promocionar la carrera de Tecnología en Diseño Gráfico Publicitario, mediante el acuerdo ministerial Nro. 2012 – 065, y firmado por el Secretario Nacional de Educación Superior, Señor René Ramírez Gallegos, en el que se declara al Instituto Tecnológico Superior Babahoyo como entidad desconcentrada adscrita a la Secretaria Nacional de Educación Superior, Ciencia, Tecnología e Innovación.

El Instituto Superior Tecnológico Babahoyo, observando la constante demanda del sector laboral y en estricto cumplimiento de la Constitución de la República del Ecuador, la Ley Orgánica de Educación Superior, su reglamento, así como las normas de la educación superior, el 07 de junio 2017, se crearán las nuevas carreras de: Diseño Gráfico Publicitario, mediante Resolución No. RPCSO19 No. 3572017, Tecnología Superior en Desarrollo de Software, mediante Resolución RPCSO359 2017 y el 28 de junio de 2017 Tecnología Superior en Planificación y Gestión del Transporte Terrestre, mediante Resolución RPCSO22220855101HO1 N.° 202017, Tecnología Superior en Administración, por Resolución RPCSO222208551013BO1 N.° 202017 y diseño de moda con Correspondencia a Tecnología Superior, por resolución N°RPCSO222208 551013BO1 N.° 202017.

Como logro adicional, el 22 de marzo de 2017, el ITSB recibió la calificación como organismo de evaluación de la conformidad (OEC) de la Secretaría Técnica del Sistema Nacional de Cualificación y Formación Profesional SETEC con el fin de certificar la experiencia profesional de expertos en RRHH en diversas áreas. Recientemente, mediante resolución RPCSO21Nr.3682019, vigésima primera sesión plenaria ordinaria del Consejo Universitario (CES), que tuvo lugar el 12 de junio de 2019, y con oficio No. CESSG2019157O del 3 de julio de 2019, el rector Magíster Gerardo Javier Segovia Chiliquinga ha sido rebautizada comunicada por el Instituto Tecnológico Superior Babahoyo en Instituto Superior Tecnológico Babahoyo y cumpliendo con los nuevos requisitos de la última reforma de la Ley de Educación Superior de agosto de 2018 en su artículo 118, que reconoce la formación técnica y tecnológica como tercer nivel y por ende la oferta académica para Potenciar la promoción de los procesos productivos.

Esta institución se encuentra actualmente ofreciendo sus servicios en la ciudad de Babahoyo, Provincia de Los Ríos, en la Avenida Enrique Ponce Luque junto al Servicio de Impuestos Internos, siendo su Rector el Máster Gerardo Javier Segovia Chiliquinga y el Magíster Marco Villamar Coloma como Vicerrector Académico, quien, de acuerdo con los lineamientos establecidos por la Constitución y la ley, hace la gran labor de dirigir esta prestigiosa institución en beneficio de la región y del país.

2.3.2. *Estructura institucional*
El **Instituto Superior Tecnológico Babahoyo (2021)** para su organización y gestión interna se divide en 23 departamentos permanentes, de los cuales se resaltan:

Figura 2.2.

Estructura organizativa del ISTB.

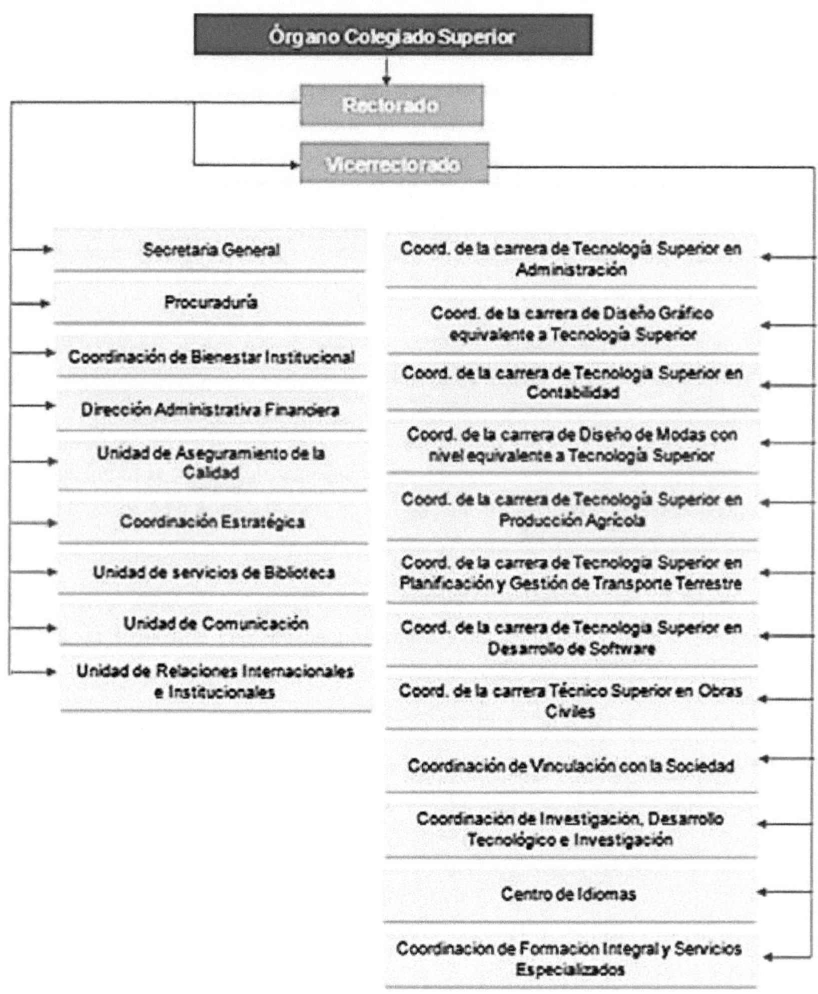

Nota. Esta figura se muestra el organigrama institucional del Instituto Superior Tecnológico Babahoyo, adaptado de (ISTB, 2021)

2.3.3. *Descripción de cargos y funciones de la institución*

Para ahondar y clarificar el quehacer de los diferentes departamentos de la institución seleccionada se efectúa una descripción corta y las funciones que desempeñan cada una de ellas **(ISTB, 2019)**.

El Órgano Colegiado Superior es el máximo órgano de gobierno del Instituto Superior Tecnológico Babahoyo y es responsable de aprobar políticas, planes, estrategias y objetivos que fortalezcan el marco institucional de acuerdo con los lineamientos de la institución para la gestión de las políticas públicas de educación de alto nivel. La resolución es de ejecución de toda la organización.

El Rector es la primera autoridad de la institución y ejerce la representación legal de la misma.

El vicerrector es el encargado de planificar la gestión académica de las carreras ofertadas en la institución; así como, apoyar en el cumplimiento de los objetivos definidos en el Plan Estratégicos de Desarrollo Institucional en el ámbito de su competencia.

Las Coordinaciones de Carreras, son las responsables de la gestión académicas conforme las exigencias que pueden requerir las carreras de la institución, a fin de garantizar su éxito desde el inicio, hasta la culminación de cada promoción.

La Coordinación de investigación, desarrollo tecnológico e innovación, le corresponderá impulsar a la institución como un espacio académico, que construya pensamiento y propuestas para el desarrollo nacional.

La Coordinación de vinculación con la sociedad, le corresponde impulsar a la institución como un espacio académico y de interacción social, que construya pensamiento y propuestas para el desarrollo nacional; así como promocionar y difundir, la cultura y oferta a la sociedad, servicios especializados de calidad.

El *Centro de idiomas,* es la unidad responsable de la enseñanza, certificación y capacitación en idiomas y lenguas ancestrales, de los miembros de la comunidad estudiantil y docente y del público en general. Sus funcionamientos se regulan por el Reglamento del Centro de Idiomas **(ISTB, 2019)**.

La *Unidad de formación integral y de servicios especializados,* tiene como finalidad la socialización de conocimientos que propendan a la actualización permanente de conocimientos de los miembros de la comunidad educativa, egresados de la institución, personal de empresas públicas y privadas y de la comunidad en general así como la prestación de servicios especialidades al público en general, el centro de formación integral trabajará de manera articulada con el Rector, la Coordinación de Vinculación con la Sociedad y la Unidad de Relaciones Internacionales e institucionales. Su funcionamiento se regula por el Reglamento que se expida para el efecto **(ISTB, 2019)**.

La *Secretaría general* le corresponde la administración y custodia de la documentación institucional, así como la certificación de los actos de la institución.

La *Procuraduría General* le corresponderá el asesoramiento jurídico de los procesos de gestión académica y administrativa de la institución.

La *Coordinación de Bienestar Institucional,* le corresponde diseñar, promover, organizar, difundir y evaluar políticas de bienestar integral que contribuyan a la formación y desarrollo integral de los estudiantes, profesores, servidores y trabajadores, promoviendo un ambiente de respeto a los derechos y a la integridad física, psicológica y sexual, en un ambiente libre de violencia.

La *Dirección Administrativa Financiera* le corresponde, en articulación con el Rector, la administración de los recursos financieros, la organización de los fondos, valores, especies y títulos a favor el Instituto, la elaboración de informes económicos; así como velar por los procesos de infraestructura, mantenimiento, seguridad, gestión de riesgos en las instalaciones del Instituto; y ejecutar las políticas de gestión del personal docente y administrativo.

La *Coordinación Estratégica* le corresponde en articulación con Rectorado, fomentar y asegurar la calidad institucional y el mejoramiento continuo de la gestión; así como la seguridad de la información del Instituto.

2.3.4. Misión

"Somos una institución de Educación Superior, orientada a formar profesionales tecnológicos competentes, con valores éticos y morales que contribuyan al desarrollo social, económico, político y cultural del país, mediante el fortalecimiento sistemático de la docencia, vinculación con la sociedad e investigación" **(ISTB, 2021)**.

2.3.5. Visión

"Ser un Instituto Tecnológico de Educación Superior acreditado, con una oferta académica pertinente a las necesidades del territorio, siendo un referente a nivel nacional que contribuye a la sociedad con profesionales integrales que aportan al desarrollo sostenible del país", **(ISTB, 2021)**.

2.3.6. Objetivos institucionales

Para una mejor ilustración de los objetivos de la institución se manifiestan en la figura 2.3., según su orden y numeración específica.

Figura 2.3.

Objetivos estratégicos Institucionales del ISTB.

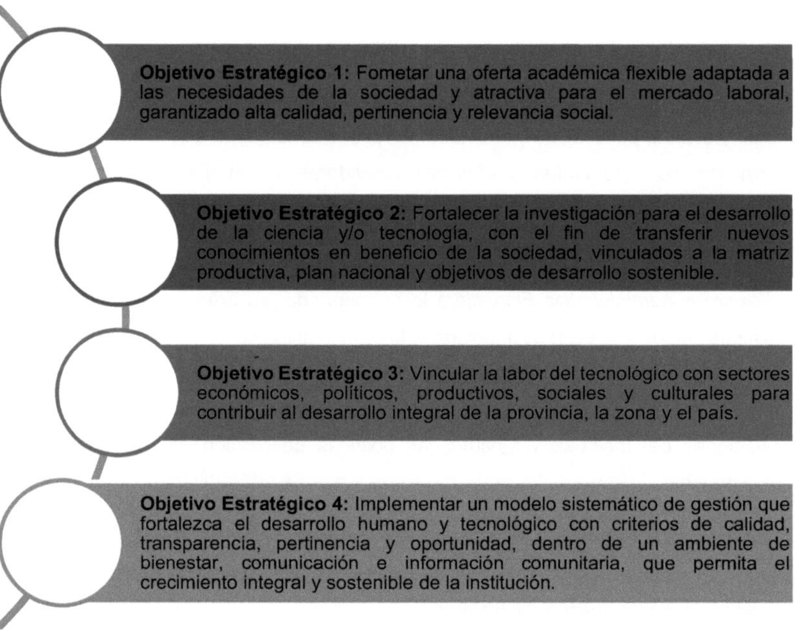

Nota. En esta figura se especifica los objetivos estratégicos institucional del Instituto Superior Tecnológico Babahoyo, Adaptado del plan estratégico (ISTB, 2021)

2.3.7. Principios fundamentales

De los principios del **Instituto Superior Tecnológico Babahoyo (2021),** se mencionan los siguientes, según lo estipula en su plan estratégico institucional 2021-2024:

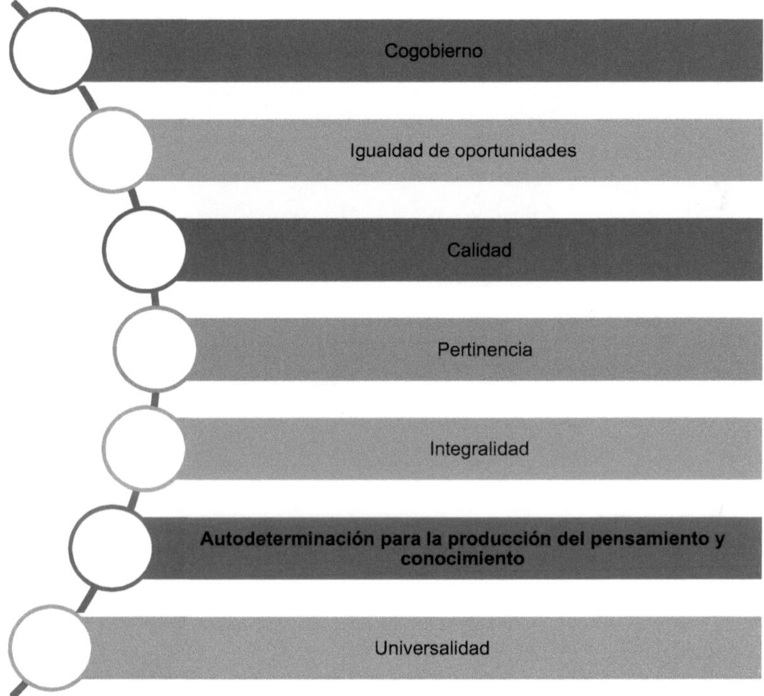

Nota. En esta figura se exponen los principios institucionales del Instituto Superior Tecnológico Babahoyo, Indicados en (ISTB, 2021).

2.3.8. *Valores institucionales*

De los valores del **Instituto Superior Tecnológico Babahoyo (2021),** según se muestra en su plan estratégico, se resaltan los siguientes:

Figura 2.5.

Valores del ISTB.

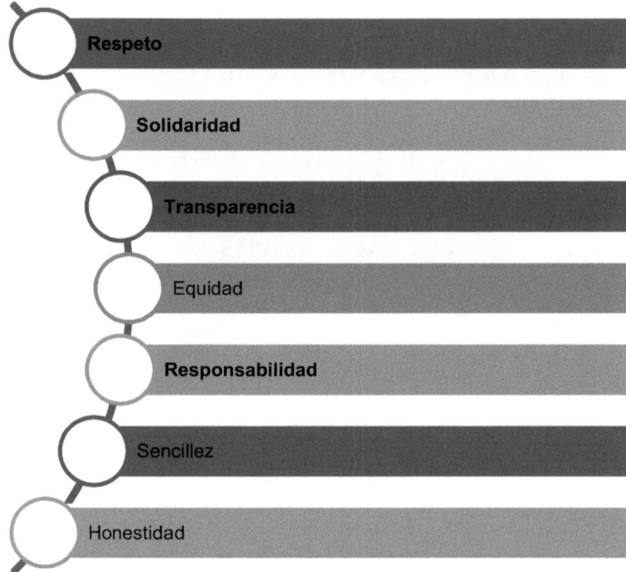

Nota. En esta figura se observan los valores acogidos por Instituto Superior Tecnológico Babahoyo, tomados del (ISTB, 2021).

2.4. Estado del arte

2.4.1. Estado actual sobre planes estratégicos para el cambio digital en Ecuador

Dentro del contexto actual de la planeación estratégica en el Ecuador se puede encontrar un sin número de investigaciones relacionadas con el diseño e implementación de planes estratégicos de tecnologías de la información (TI) para alcanzar un cambio digital radical en muchas de las instituciones u organizaciones del país.

El trabajo de investigación de **Patiño-Padilla, M., & Andrade-López, M. (2020)**, refleja el propósito primordial de *"Crear un plan estratégico de TI para el Gobierno Autónomo Descentralizado del Municipio de Girón",* esta institución carecía en su momento del plan antes mencionado, facilitando la ejecución continua de proyectos informáticos que le permitan alcanzar su misión y visión propuesta. Emplearon para su correcto proceso metodológico el análisis inductivo que proporciono información importante para el diseño del plan estratégico. Además, Patiño y Andrade utilizaron como guía las fases incluidas en la metodología PETI con el fin de lograr alcanzar los objetivos a largo, mediano y corto plazo en la institución seleccionada.

Con base a resultados obtenidos por Patiño y Andrade en su investigación se menciona el análisis situacional previo para el tratamiento correcto de los datos e información relevante, por otro lado, con base al análisis FODA, se constató las estrategias para las tecnologías de la información integradas, la misión y visión, la definición de los objetivos estratégicos del departamento de TI establecieron, por otro lado, la arquitectura de los sistemas informáticos dentro de los cuales manifiestan aquellos software que facilitarán, la gestión documental, las mesas de servicios, entre otros módulos específicos que faltan incorporar en el sistema ERP del GADM de Girón, de otro modo, también se cuenta con la obtención de la arquitectura sobre la infraestructura tecnológica de los diferentes módulos que necesitaron implementar en el GADM, se propuso la estructura organizacional del departamento de TI, como resultado final del proyecto se obtuvo un plan de implementación completo.

Chicaiza-Castillo, D., & Redroban Chimbo, K. (2018), en su trabajo investigativo con el título, *"Plan Estratégico de TI basado en la metodología PETI para la institución pública Cruz Roja de la provincia de Tungurahua",* con el objetivo de diseñar un plan por medio de pasos a seguir, según la metodología escogida, siendo una de sus acciones la documentación del inventario a nivel software y hardware, para establecer las estrategias dentro del plan de TI, dando como resultado de lo anterior los proyectos necesarios y su nivel de prioridad de ejecución e implementación, que ayuden alinear las TI con el plan estratégico de la institución pública..

Chicaiza y Redroban para el desarrollo de su investigación utilizaron la modalidad de investigación bibliográfica y/o documental, de campo, aplicada, con una población de cinco personas, quienes fueron funcionarios de la Cruz Roja, a los cuales se aplicó una entrevista considerada no estructurada. Con la aplicación del instrumento concebido se obtuvo información que fue analizada dando resultados favorables para la investigación, el resultado final de la investigación es un plan estratégico diseñado por los autores.

Por otro lado, **Ávila-Correa, B. (2018)** en su artículo con el título, *"Perspectivas de Transformación digital de las Universidades del Ecuador",* indica que fue producto de recopilación de información de gran importancia con respecto al cambio y futuro digital de las Instituciones de Educación Superior, el trabajo propuesto por la autora tiene por objeto de proporcionar al responsable de las TIC en las Universidades, considerado las tendencias mundiales la incorporación de las nuevas tecnologías, y definición de políticas basándose a las especificaciones técnicas alineadas a su plan institucional.

En consecuencia, según el estudio de Ávila indica que la estrategia de las tecnologías debe de ser sistemáticas y progresivas, obedeciendo a los procesos de las instituciones de educación superior, toda inclusión digital en las Universidades debe realizar su análisis costo-beneficio por la magnitud de incorporación de sus proyectos tecnológicos.

Finalmente, Ávila en la culminación de su investigación, obtiene una serie de conclusiones en las que manifiesta, la alineación de todas las perspectivas de la tecnología que se ha recopilado cotejados a través del tiempo, en la que resalta el dinamismo de agregación de la innovación que permite a los organismos a actualizar constantemente sus perspectivas y visión de la tecnología, se enfatiza además la coincidencia de aquellos aspectos entre la academia y la investigación, por lo que la decisión de adoptar las tendencias actuales tecnológicas deben considerar el análisis de costo-beneficio, el cual es vital importancia para la estimación de los costos existentes y aquellos beneficios que percibirá la institución contribuyendo a las soluciones internas de manera indefinida.

Gonzáles, D., & Martínez, E. (2021) exponen en su artículo con el título *"Implicaciones del proceso de transformación digital en las instituciones educativas de la Armada del Ecuador",* revelan que la inducción sobre el cambio digital es la hoja de ruta a seguir para la optimización del proceso educativo, el objetivo de este estudio fue analizar las implicaciones del proceso de transformación digital, para el cumplimiento del objetivo propuesto, los autores describen su proyecto con una investigación de base exploratoria y correlacional con un carácter descriptivo, aplicando los métodos deductivos inductivos y las técnicas para la obtención de los datos siendo estas la entrevista en profundidad y encuesta aplicada netamente a sus clientes externos e internos siendo necesario seleccionar una muestra, de los resultados manifestados por los autores se detallan la necesidad de realizar una hoja de ruta para responder al valor educativo y elevar el grado de conocimiento digital, avalando el profesionalismo de sus graduados.

2.4.2. Estado actual sobre planes estratégicos para el cambio digital en Latinoamérica

Hoy en día las empresas, sean estas grandes o pequeñas, necesitan de la implementación de planes estratégicos de tecnologías de la información que apoyen al cumplimiento óptimo de sus objetivos para un cambio digital más efectivo.

Giraldo-Gómez, R. (2021) en su trabajo investigativo, plantea la creación de un "Plan estratégico de TI y comunicación del colegio Villas del Progreso IED" en el país de Colombia de la ciudad de Bogotá, indica que las instituciones de educación del distrito, funcionan sin ánimo de lucro, al servicio público en la formación claramente permanente según su razón social actual, fundamentada en el derecho y deberes de concepción de integridad humana. La institución seleccionada por Giraldo, es una unidad operativa regulada bajo la Rectoría de la Secretaria de Educación de Bogotá, supeditada al cumplimiento del Plan operativo anual (POA) del Distrito, Por otro lado, este proyecto tiene por objetivo la "Elaboración de un plan estratégico de TI para el colegio Villas del Progreso IED", el que busco el diagnóstico actual, definir los elementos estratégicos de TI, la identificación de las mejoras oportunas e indagación de las necesidades tecnológicas, elaborar el modelo de TI, y finalmente culminar con el plan de priorización e implementación.

Dentro la metodología utilizada por Giraldo para el cumplimiento del proyecto se denota que la investigación realizada es de tipo cualitativa, que permitirá la comprensión y exploración de los elementos esenciales para el diseño del plan, basadas también en la metodología PETI que fue expuesta en una de sus apartados de fundamentación. La población de estudio fueron los docentes de la institución seleccionada con una cantidad de ochenta y tres personas que fueron entrevistadas, dentro de las técnicas de recolección de datos se constató la entrevista y como instrumento el cuestionario y que para un mejor acceso a la información se usó una herramienta tecnológica de Google formularios de forma virtual, partiendo de la dimensión, disponibilidad y uso de las TIC en el Colegio estudiado.

Por otra parte, de los resultados obtenidos por Giraldo, se precisan el análisis situacional, entrevistas aplicadas a los docentes, el análisis de factores internos y externos, catálogo de hallazgos, obtención de estrategias, metas y objetivos de TI, el modelo operativo, identificación de las brechas, y la respectiva hoja de ruta de implementación del PETI, adicional a lo anterior también se elaboró un plan de comunicación del plan concebido.

Finalmente, Giraldo concluye que fueron logrados todos los objetivos propuestos en la investigación, y recomienda reestructurar el modelo operativo de la institución, se observan además los elementos que ayuden de forma óptima la pertinencia estratégica en el nivel pedagógico para contrastar un cambio en el quehacer de la institución.

En la investigación de **Robles-Alarcón, X. (2021),** con el título *"Desarrollar un Plan Estratégico de TI para el Colegio de Ingenieros Agrónomos que se encuentra en el país de Costa Rica",* con la articulación de las actividades y operaciones comunes con las tecnologías de forma estratégica y viable.

Por otro lado, Robles estableció el estado vigente de la institución que selecciono para su trabajo sobre las tecnologías incorporadas en la misma, a partir del reconocimiento actual, trazó una ruta a seguir estratégicamente sobre la planeación y gestión, no dejando de lado el posicionamiento de las tecnologías actuales como eje transversal de los servicios que ofrece la institución, de los resultados obtenidos se identificó las oportunidades para utilizar las tecnologías de información de tal manera que se obtenga ventajas para los usuarios en el desarrollo de sus funciones en la institución.

En el trabajo de investigación de **Bojacá, J. (2020)**, con el título *"Diseño e implementación del plan estratégico de TI, para la empresa de Informatic Solution Tecnifícate SAS"*, manifiesta que la intención fue proponer un diseño y plan estratégico de TI mediante la metodología PETI, creado propiamente por James Martin en el año de 1989, considerando importante realizar este proyecto, a pesar de que ha estado en constante acción en el soporte, desarrollo, venta de sistemas informáticos, servicios de capacitaciones y asesorías, no poseían un plan de TI que ayude a cumplimiento de su misión, esta falencia ha provocado un deterioro competitivo de la empresa perjudicando el cumplimiento de sus objetivos estratégicos. Bojacá, dividió este proyecto dos fases, una de ellas para efectuar el diseño, efectuando una serie de pasos apalancada a través de plantillas específicas para su cumplimiento, y, por otra parte, la propuesta de implementación, por último, se constata que el resultado obtenido fue un plan estratégico diseñado con su respectivo plan de implementación y seguimiento.

Pedraza Albuquerque, E. (2019), en su proyecto de investigación titulado, planeamiento estratégico de TI, con el fin de mejorar la gestión del politécnico Pedro Abel Labarthe Durand, indica que la institución no cuenta con planes de implementación de sistemas informáticos y otras tecnologías, que consientan la mejora de la academia y el área administrativa, siendo una de las falencias existentes para satisfacer las necesidades en el manejo de datos del personal, departamentos e información. Por otra parte, existió daños en sus equipos informáticos, esto produjo improductividad del tiempo, llevando a una mala toma de decisiones por parte de la gerencia.

Pedraza durante el trascurso de su investigación encontró innumerables razones por las cuales no se ha podido implementar tecnologías en la institución seleccionada, de entre las cuales manifiesta, aporte económico bajo de parte de la entidad rectora, siendo esta el ministerio de educación, aunque para solventar ciertos gastos se vieron en la necesidad de recibir el aportar económico voluntario de la gerencia, personal docente y padres de familia, también refleja que el personal actual no tiene la competencia necesaria en el uso de tecnologías actuales y se ven plasmadas en el incumplimiento de las actividades asignadas.

En este proyecto, Pedraza obtuvo la siguiente pregunta de investigación, ¿Cómo el plan estratégico de TI mejorará la gestión en la institución "Pedro Abel Labarthe Durand"?, cuyo propósito general fue él, Planeamiento estratégico de TI para mejorar la gestión educativa Pedro Abel Labarthe, su justificación la atribuye a que con este plan mejorará también el ambiente laboral existente, la satisfacción de todo en cuerpo estudiantil y de los padres de familia, Por otro lado, el autor obedece a la metodología, de tipo propositivo con un diseño no experimental con una población de veintiséis (26) sujetos dentro los cuales se incluyen Profesores, Soporte Técnico, Secretaria, Sub Directora y Director. Utiliza además para la captación de datos e información relevante la técnica de la encuesta y entrevista y sus respectivos instrumentos de recolección de datos que son el cuestionario y la guía de entrevista, para el procesamiento y análisis de información utilizó la tabulación de tablas y figuras uso la herramienta informática Microsoft Excel.

De los resultados obtenidos en la encuesta aplicada a los involucrados según Pedraza revela que el uso de recursos informáticos exclusivos para el alumnado es mejorable en un 38%, por otro lado, indica también que los aparatos informáticos que presentan dificultades es mejorable en un 54%, y las computadoras que están conectadas con el fin de compartir información también es mejorable en un 31%, indicando además que el sistema de información que posee la institución es eficiencia en un 42%, y que su facilidad de uso es de un 38% ocupando el grado de satisfactorio, la adaptabilidad de los sistemas a las actividades propias de la empresa ocupa un grado de satisfactorio con un 38%, y por último se menciona que la velocidad de procesamiento del sistema ocupando el grado de mejorable con un 54%.

De los resultados obtenidos en la entrevista, según Pedraza, se prueba que el personal no cuenta con los conocimientos necesarios en el uso de tecnología, por el contrario, con los hallazgos obtenidos dedujeron el mejor plan de acorde a las necesidades existentes con sus respectivos mecanismos de ejecución y cumplimiento.

Arango-Serna, M., Branch, J., Castro-Benavides, L. M., & Burgos, D. (2018) en su artículo con el título *"Modelo conceptual de transformación digital. Openergy y el caso de la Universidad Nacional de Colombia"*, esclarecen que la Universidad Nacional aborda un espacio de desviación por los paradigmas actuales de la era digital, la cual ha tenido que reinventarse y lograr continuar existiendo competitivamente, al tomar el reto del cambio debe reconocer el grado de importancia de efectuar un cambio cultural en primera instancia.

Arango y los demás colaboradores, tuvieron como intención diseñar una metodología que prioriza su intervención en dos aspectos, el primero la generación de la cultura institucional frente al cambio digital, en segundo lugar, la creación del proyecto estratégico institucional. Los anteriores aspectos buscan delinear una cultura corporativa, existente con las nuevas realidades digitales de la Universidad del país de Colombia. De los resultados obtenidos por los autores, indican la identificación de la información de fuentes primarias y de aquellos que participan como actores principales del estudio, y finalmente se exponen las conclusiones más importantes que es la modelización y la alineación de las políticas de las instituciones que se dedican a brindar servicios de ámbito educativo.

Por otro lado, **Almaraz-Menéndez, F., Maz-Machado, A., & López-Esteban, C. (2017)** en su artículo con el título, *"Análisis del cambio digital de las Instituciones de Educación Superior"*, indican que las tendencias actuales tecnológicas, con acceso a la red de internet son, IoT y Big data son parte de la revolución digital, que afecta el ecosistema de las organizaciones hoy en día, debido a los avances constantes de las tecnologías.

Los autores del análisis se apoyan mediante reflexiones sobre los cambios existenciales que están ocurriendo por la digitalización empresarial, inquietando también a las Instituciones de Educación Superior (IES), el cambio digital en las universidades consiente la adaptación a un entorno meramente competitivo como medio del progreso social, en este contexto las IES se han convertido en un mercado globalizado permitiendo acaparar la implementación de nuevas tecnologías.

De otro modo, los niveles del gobierno para el cambio digital, se dividen en siete extensiones de actividad, y la definición de variables que integran el modelo teórico expuesto por los autores, que se pueden aplicar a investigaciones, sean estas cualitativas como cuantitativas.

3. CAPÍTULO III: METODOLOGÍA DE INVESTIGACIÓN

2.3. Introducción

En este apartado se desarrollan diversos temas sobre el enfoque que tendrá la investigación, las variables que se desprenden del título principal, las técnicas e instrumentos de recolección de datos que ayudarán en la obtención de datos importantes para la investigación, población y/o muestra y procedimientos que se llevarán a cabo en el cumplimiento de cada objetivo plasmado en este documento.

2.4. Enfoque de investigación

El presente proyecto investigativo, debido al tipo de datos que se reúnen, se determina como cualitativo, por lo cual se revisarán y analizarán datos e información de documentos de la institución seleccionada para el estudio y otros procesos.

Por su parte, **Sánchez Flores, F. A. (2019),** define al enfoque cualitativo como el soporte en evidenciar y dirigir hacia la profunda descripción del fenómeno con el propósito de entenderlo y exponerlo, por medio de la aplicación de técnicas y métodos originarias de sus planteamientos y los elementos epistémicos.

Además, **Hernández Sampieri, R., Fernández Collado, C., & Baptista Lucio, M. (2014)** indican que el enfoque cualitativo, busca la expansión de los datos e información, para que el pensador se forme afirmaciones propias sobre el fenómeno trabajado, siendo este un proceso particular y/o grupal.

Finalmente, por medio de las anteriores definiciones se puede deducir que el enfoque cualitativo ayuda a la expansión comprometida de la información basada específicamente en métodos y técnicas investigativas.

2.5. Diseño de investigación

Debido a que los estudios de forma cualitativa permiten a los investigadores la obtención de evidencias para orientar la indagación del problema apoyado con diversas técnicas e instrumentos, **(Sánchez Flores, F. A., 2019).**

Este trabajo se enmarca en el diseño de proyectos en el cual se establecerán los pasos o plan de trabajo a seguir para el cumplimiento de los objetivos propuestos y contestar la pregunta de investigación.

2.6.   Tipo de investigación

Este proyecto se enmarca dentro de una investigación de carácter de investigación de acción con la finalidad de realizar la indagación del problema y el diseño del plan estratégico de TI para una Institución de Educación Superior en Particular.

La investigación de acción, son aquellos estudios donde los investigadores comprometidos con las causas en el desarrollo de procesos para la solución de los problemas de una comunidad. Siendo la finalidad afrontar la problemática de una determinada colectividad a partir de sus recursos y participación **(Escudero Sánchez, C., & Cortez Suárez, L., 2018)**.

2.7.   Corte de investigación

Se asume en este proyecto un corte Transversal, ya que para iniciar y ejecutar el estudio se realiza la formulación de la pregunta de investigación, se deciden las variables basadas y sustentadas en la búsqueda de evidencias científicas que hayan sido publicadas con anterioridad, se elige el método más adecuado en la descripción de los procedimientos de recolección de los datos y el tipo de fuentes bibliográficas que serán tomadas en cuenta en el estudio **(Álvarez-Hernández, G., & Delgado-DelaMora, J., 2015)**.

2.8.   Variables

3.6.1.   *Variable Independiente*

Del tema propuesto se puede obtener la variable independiente que ayudará a conocer y entender su principio lógico existen en la actualidad, la cual es:

- **VI:** Plan Estratégico.

Por otro lado, existe una gran cantidad de fuentes secundarias que ayudarán como guía durante el desarrollo de la investigación e indicar la dirección a seguir para el cumplimiento final de sus objetivos.

3.6.2.   *Variable dependiente*

Del tema propuesto se puede obtener la variable independiente que ayudará en conocer y entender la realidad del problema en la actualidad, la cual es:

- **VD:** Cambio digital en las Instituciones de Educación Superior

De otro modo, se manifiesta que, para lograr un cambio digital legítimo en una organización, esta debe implementar las tecnologías que están vigentes en la actualidad en cada uno de sus departamentos, con el fin de estar a la vanguardia tecnológica como otras Instituciones de Educación Superior del país.

2.9.   Población y muestra

Actualmente, en la Institución de Educación Superior (IES) seleccionada existe una cantidad de ciento trece (113) empleados (docentes) entre tiempo completo, medio tiempo, y parcial, conformados por hombres y mujeres de entre veintiséis (26) y/o cuarenta y cinco (45) años o superior, dos (2) personas administrativas que no son docentes y dos (2) auxiliares de servicio, la mayor parte de ellos, poseen títulos en estudios de grado superior de nivel técnico, tecnología, ingeniería, licenciaturas, maestrías y/o doctorados en diferentes especialidades, y consecuentemente alrededor de veintitrés (23) departamentos o comisiones permanentes que serán consideradas, pero la población de estudio la conformarán solo los responsables de cada departamento de la IES, por ser conocedores de la realidad de los procesos y aplicaciones usadas en los diferentes departamentos a su cargo, por otro lado, los directivos son parte de un departamento específico es decir Rectorado y Vicerrectorado.

De esta forma, se obtienen datos que facilitara el diseño del plan estratégico de TI propuesto, y debido a la cantidad reducida de los actores antes mencionados, no, es necesario emplear fórmula de muestreo. A continuación, se presenta una tabla con la cantidad de la población, referenciado la categoría a la que pertenecen:

Tabla 3.1.

Detalle de la población de estudio.

Categoría	Cantidad*
Directivos	2
Responsables de departamentos	21
Total:	23

Nota. Con base a datos inscritos en el plan de desarrollo institucional actualizado en julio 2021 (ISTB, 2021). *Numérico poblacional.

2.10. Técnicas de recolección de datos

Dentro de las técnicas de recolección utilizadas para el desarrollo de este proyecto son, la entrevista revisar, anexo cuatro (4) de este documento y la revisión documental.

A la entrevista, se la especifica con el método fundamentado en la información interpersonal entre el o los sujetos que son estudiados y el investigador, con el fin de conseguir respuestas a las cuestiones planteadas del problema **(Feria Avila, H. M., 2020)**.

Mientras que la verificación documental se la refleja como el conjunto de procedimientos enfocados a representar un documento y su contenido bajo otra representación de su forma original, con la finalidad facilitar su recuperación posterior, con la particularidad de usarlo como fuente primaria de documentos, sean estos, libros, revistas, diccionarios, tesis u otros **(Rizo Maradiaga, J., 2015)**.

2.11. Instrumentos de recopilación de datos

Dentro de los instrumentos para la recolección de datos necesarios y esclarecer el curso del proyecto se aplicó, un formato guía de entrevista con un máximo de trece (13) preguntas, revisar anexo tres (3) y ficha de registro bibliográfico, revisar anexo dos (2) de este documento.

La guía de entrevista, es la herramienta metodológica que consiste en la aplicación de un set de preguntas que tratan de captar la atención e información de primera mano del entrevistado **(Feria Avila, H. M., 2020)**.

Por otro lado, la ficha de registro considera el objetivo de respaldar los datos e identificar las fuentes que el investigador consulta para el desarrollo de la investigación **(Muñoz Rocha, C., 2016)**.

2.12. Procedimientos

Para el desarrollo de este proyecto se elaboró y aplicó una entrevista con un máximo de 13 preguntas a los directivos y responsables de los departamentos de la Institución de Educación Superior para conocer en profundidad la situación actual de la institución que se ha seleccionado para aportar con datos sólidos y confiables en el estudio y analizar su necesidad tecnológica imperante para su cambio digital, la revisión bibliográfica dotará del conocimiento y reforzará las sub temáticas de la propia investigación, por otro lado, se revisará también la documentación y así tener un conocimiento más acertado de los procesos que se realizan en la institución y poder diseñar un plan estratégico de TI acorde a su necesidad para el oportuno cambio digital de la institución estudiada, alineada al plan estratégico institucional. Por otro lado, para un mejor desempeño en el cumplimiento del objetivo general del proyecto se aplicó la metodología PETI ejecutando cada fase provista por dicha metodología seleccionada.

4. CAPÍTULO IV: SOLUCIÓN PROPUESTA

4.1. Introducción

Por otro lado, prosigue la fase tres (3), que direcciona el diseño del modelo de tecnologías con sus respectivas estrategias, modelo, arquitectura de la información y la estructura organizacional para el departamento de tecnología, esta fase se ejecuta con la finalidad de cumplir con el objetivo tres del proyecto. Y, en último lugar, se tiene la fase cuatro (4), por lo cual se elabora el modelo de planeación e implementación de la estrategia de tecnología y los proyectos de tecnología de información propuestos, en esta fase se agregan las prioridades de implementación de los proyectos de tecnología, el plan de ejecución, la administración de los riesgos y las políticas que seguirá la organización para la ejecución correcta de las estrategias.

4.2. Plan estratégico de tecnologías de la información (PETI)

Para un mejor entendimiento de la alineación de la propuesta de solución se incorpora la relación existente entre el objetivo general y específicos del proyecto con cada una de las fases de aplicación de la metodología PETI. A continuación, el detalle:

Tabla 4.1.

Alineación de los objetivos del proyecto versus la solución propuesta.

Objetivos del proyecto	Fases del PETI*	Descripción
Analizar la situación actual del Instituto Superior Tecnológico Babahoyo para determinar las necesidades tecnológicas y operativas que afrontan sus departamentos.	Análisis Situacional	Mediante la aplicación de esta fase se cumplirá con la identificación, análisis y diagnóstico del estado actual de la institución frente a las necesidades de su estrategia, departamentos y tecnología.
Identificar el modelo organizacional del Instituto Superior Tecnológico Babahoyo para la propuesta de objetivos estratégicos, estructura organizacional, y funciones departamentales.	Modelo Operativo	A través de esta segunda fase es posible identificar las fortalezas, oportunidades, debilidades y amenazas de la institución con la finalidad de proponer un nuevo modelo organizacional, trazando nuevos objetivos y estrategias de acción.
Diseñar el modelo de tecnología para facilitar el cambio digital del Instituto Superior Tecnológico Babahoyo.	Modelo de Tecnología de la Información.	En esta tercera fase, es posible el diseño propio de un nuevo modelo de tecnología que incluye la propuesta de proyectos tecnológicos que apoyen los procesos y estrategias de la Institución.
Elaborar el modelo de planeación mediante directrices claras para	Modelo de planeación.	A través de esta última fase, se categoriza y priorizan los proyectos de

| facilitar la correcta ejecución de los proyectos de tecnologías de la información en el Instituto Superior Tecnológico Babahoyo. | | tecnología propuestos según su nivel o grado de priorización, se planea el cronograma respectivo para su implementación, y finalmente se describen las políticas de tecnología que serán aplicadas. |

Nota. Esta tabla se obtiene a partir del objetivo general y los objetivos específicos plasmados en este documento y la aplicación de la metodología para la creación de planes estratégicos de tecnología del mismo nombre PETI.

*El PETI tiene cuatro fases.

Al finalizar la ejecución de cada una de las fases mostradas anteriormente, se llegará a obtener un Plan Estratégico para el cambio digital de la Institución de Educación Superior seleccionada, permitiendo que se integren las Tecnologías de la Información en la estrategia institucional de forma correcta.

4.2.1. Objetivo General del PETI

Servir como herramienta de asesoría técnica que contribuya al cambio digital a partir de innovaciones tecnológicas en beneficio de la institución, apoyando al logro de las metas y objetivos plasmados en plan institucional, el mismo que está alineado al plan nacional de desarrollo y acorde a las directrices de la Secretaria Nacional de Educación Superior, Ciencia, Tecnología e Innovación (Senescyt), con orientaciones necesarias para contribuir al cumplimiento de su misión y visión institucional.

4.2.2. Alcance del PETI

El presente Plan de Tecnología de la Información se establece para el periodo 2021 - 2024, incluyendo todas las acciones, estrategias y políticas en la consecución a las metas delineadas en el plan estratégico de desarrollo del Instituto. Siendo objeto de actualizaciones anuales para efectuar correctivos y lograr el cumplimiento de las estrategias y procesos planteados.

4.2.3. Marco Normativo

El Instituto Superior Tecnológico Babahoyo, es una Institución de Educación Superior (IES) que está regulada por Senescyt, por tal motivo esta adopta las normativas emitidas por este ente antes mencionado, así como las leyes que están formuladas en materia de Tecnologías de la información a nivel nacional en Ecuador.

Tabla 4.2.

Leyes y normativas.

Norma	Año	Descripción
	2017-2021	Plan Nacional de Desarrollo "Toda una Vida"
	2020-2024	Plan de Desarrollo del Instituto Superior Tecnológico Babahoyo (ISTB)
Registro 337	2004	Ley de Transferencia y Acceso a la Información Pública
Registro 439	2015	Ley de Telecomunicaciones, "Protección de datos personales"
	2019	Estatuto Institucional

Nota. Con base a leyes y normativas vigentes en el Ecuador.

4.2.4. Análisis Situacional

Como primer punto para la construcción del Plan Estratégico se ejecuta el respectivo análisis situacional que está compuesto por una serie de sub ítems que sumados permiten obtener una perspectiva amplia de la competencia de la Institución, además consiente una evaluación de las condiciones actuales de la estrategia institucional y verificar las posibles falencias operativas y tecnológicas que mantiene la entidad.

4.2.4.1. Alcance Competitivo

Para el correcto análisis de la situación inicial, se realiza la revisión de la documentación que posee la organización, así como su estatuto, reglamentos y resoluciones que demuestran la evolución de la institución, por lo que se obtiene la siguiente información.

Actualmente, el Instituto Superior Tecnológico Babahoyo es una entidad dedicada al que hacer de educación superior en el Ecuador, oferta sus servicios en la Provincia de Los Ríos, en la ciudad de Babahoyo, Avenida Enrique Ponce Luque junto al Servicio de Rentas Internas, siendo sus autoridades el Máster Gerardo Javier Segovia Chiliquinga Rector de la institución y el Magíster Marco Villamar Coloma, Vicerrector Académico, quienes, de acuerdo con los lineamientos establecidos por la Constitución y la ley, cumplen la gran labor de dirigir esta prestigiosa institución en beneficio de la región y del país.

En los actuales momentos existe un plan estratégico institucional que se encuentra en ejecución con una duración máxima de cinco (5) años desde enero 2020 hasta diciembre 2024, esta institución, tiene su visión bien marcada que afianza la formación presencial y dual de profesionales tecnológicos competentes, con valores morales y éticos que contribuyan al desarrollo económico, social y cultural, mediante el fortalecimiento de la investigación, vinculación con la sociedad y la docencia. Los ejes estratégicos que rigen la institución son la academia, investigación, vinculación con la sociedad y la gestión de donde se desprende cada uno de los objetivos estratégicos concebidos.

Por otro parte, la institución cuenta con veintitrés (23) departamentos o comisiones habilitadas, realizando diversas actividades en beneficio de su comunidad institucional, algunas de las funciones se reflejan en el punto 2.3.3 de este proyecto, a cada comisión se asigna un responsable que lidera y trabaja conjuntamente con su grupo de apoyo asignado desde recursos humanos de la institución.

Además, cada departamento cumple actividades incluidas en el plan operativo anual general con el fin de acreditación institucional evaluada por el Consejo de Acreditación de la Calidad de Educación Superior (CACES). El CACES proporciona periódicamente al Instituto un documento con el nuevo sistema de evaluación de Institutos Superiores en todo el territorio nacional para el año 2025, el mismo que será tomado en cuenta para futuras evaluaciones.

4.2.4.2.   Evaluación de las condiciones actuales
A. Identificación de estrategias de la Institución

Dentro de los elementos estratégicos que comparte la planificación estratégica del Instituto Superior Tecnológico Babahoyo (ISTB) se manifiestan cuatro objetivos estratégicos que busca cumplir la institución antes mencionada.

En primera instancia se considera la misión y visión que puede verse en el apartado 2.3.4 y 2.3.5 de este documento. Por otro lado, también se observan en la figura 3 los objetivos estratégicos que se tomaron para establecer las estrategias con sus respectivos beneficios institucionales. De los objetivos expuesto anteriormente, estos proporcionan las estrategias por eje estratégico del Instituto Superior Tecnológico Babahoyo en la tabla tres (3).

Tabla 4.3.

De las estrategias por eje del ISTB.

Cod.	Ejes	Estrategias
E1	Academia	Desarrollar programas académicos que faciliten a los postulantes incorporarse a carreras tecnológicas y/o técnicas bajo la decisión del postulante, siempre y cuando realice el respectivo proceso de admisión y postulación.
E2	Investigación	Crear programas de investigación que permiten la guía necesaria de proyectos de investigación, incluyendo las funciones sustantivas de la Educación Universitaria actual.
E3	Vinculación	Generar programas de vinculación que incluyan proyectos que se pueden desarrollar y ejecutar por un grupo de usuarios en conjunto de un responsable asignado.

| E4 | Gestión | ɔtenciar la gestión por procesos de la institución, creando normativas la automatización de los procesos específicos que articulan las nciones sustantivas para lograr la acreditación institucional. |

Nota. Con base a la revisión y análisis del PEDI elaborado por la comisión estratégica del (ISTB, 2021)

Luego de expuestas las estrategias en la tabla cuatro (4) se muestran algunos de los beneficios que trae consigo estas tácticas planteadas por el departamento estratégico de la institución. A continuación, el detalle en la tabla cinco (5):

Tabla 4.4.

De los beneficios de las estrategias del ISTB.

Cod. Estrategia	Cod. Beneficios	Beneficios
E1	CB1	Información oportuna de la oferta y eficiencia académica para el alcance de niveles óptimos de calidad en todo el territorio nacional. Facilidad de implementación de programas que permitan el reconocimiento y capacitación de los profesionales y la comunidad institucional en general.
E2	CB2	Logro de la implementación de un modelo de gestión exitoso que permita la articulación de las tres funciones sustantivas de la educación superior. El impulso de la investigación, promoviendo la calidad académica y científica. La transferencia del conocimiento sustentado en los proyectos de investigación desarrollados y ejecutados ante la sociedad por medios digitales o presenciales.
E3	CB3	Concepción de programas y/o proyectos de vinculación con la comunidad, que permitan el aporte de la institución como entidad precursora del cambio con impacto social. Actualizar permanentemente mediante servicios especializados a la comunidad institucional, empresas privadas y públicas, y público en general. Mejorar el sistema de prácticas y pasantías pre profesionales de la institución en conjunto con las empresas que la institución mantenga convenios legalizados.
E4	CB4	Desarrollo e implementación de software para la formulación, ejecución, control y seguimiento de la planificación estratégica de la institución. Fortalecimiento de la imagen e identidad institucional. Promoción de la cooperación interinstitucional mediante convenios legalizados.

Nota. Con base a la revisión del plan estratégico del (ISTB, 2021)

B. Modelo de Gestión de la Institución

En la revisión exhaustiva de documentos institucionales se percibe que la misma carece de un modelo de gestión general, pero a pesar de ello posee un plan de desarrollo estratégico o mejor conocido como PEDI en el que se inscribe los departamentos o comisiones que deben cumplir con muchos de los procesos de la Institución.

Realizado el análisis de la información proporcionada por los responsables de cada departamento y el estatuto institucional se obtuvo un conocimiento amplio de las funciones que desempañan en la Institución, estas funciones pueden verse en el apartado 2.3.3 de este documento. Representando, además, las políticas que sirven como guía en la labor participativa del personal, incluyendo acciones y procesos, que permitan la acreditación institucional y las carreras que ofertan.

C. Modelo de Tecnología de la información en la Institución

Revisada la información en relación con el modelo de gestión de la unidad de tecnologías, se percibe que la misma carece del respectivo documento formal que plasma el modelo antes indicado. Por otra parte, se expone que el plan operativo anual (POA) 2021 de la institución busca el fortalecimiento de la academia, investigación, vinculación y la gestión institucional, utilizando las tecnologías de información (TI) en el cumplimiento por lo menos de un objetivo estratégico, se denotan algunas de las actividades consolidadas y adjudicadas a la Unidad de TICS para su ejecución y alcance según el objetivo estratégico número cuatro (4) sobre la implementación de un modelo sistemático de gestión que fortalezca el desarrollo humano y tecnológico con criterios de calidad, transparencia, pertinencia y oportunidad dentro de un ambiente de bienestar, comunicación e información comunitaria, que permita el crecimiento integral y sostenido de la institución, se detallan las siguientes:

- **Actualización** de reglamento de la Unidad de TICS.
- Elaboración de manuales de usuario de los sistemas institucionales.
- Desarrollo e implementación del módulo de Titulación, proceso de examen complexivo, prácticas pre profesionales, formación dual, matriculación y homologación de estudiantes del centro de idiomas en el SAI institucional.
- Desarrollo e implementación del módulo en el SAI para el control y seguimiento de proyectos integradores de saberes y de investigación.
- Creación del repositorio digital de documentos de proyectos de fin de grado del ISTB.
- Elaboración y puesta en marcha del plan de mantenimiento informático.
- Creación de Backup de información generada por los sistemas institucionales.
- Soporte permanente por problemas presentados en los sistemas institucionales.
- Elaboración de la normativa sobre EVA.
- Administración de aulas virtuales.

- Gestión de capacitaciones para estudiantes y docentes respecto al uso de ambientes virtuales y sistemas institucionales.

Se denota además la estructura organizativa de la Institución, en el apartado 2.3.2 de este documento. Y referente a la estructura de la Unidad de tecnologías de la información, se expone en la Figura 6 la siguiente distribución vigente que consta de un coordinador departamental y tres personas que sirven de apoyo.

Figura 4.1.

Estructura actual de la Unidad de tecnología de la Institución.

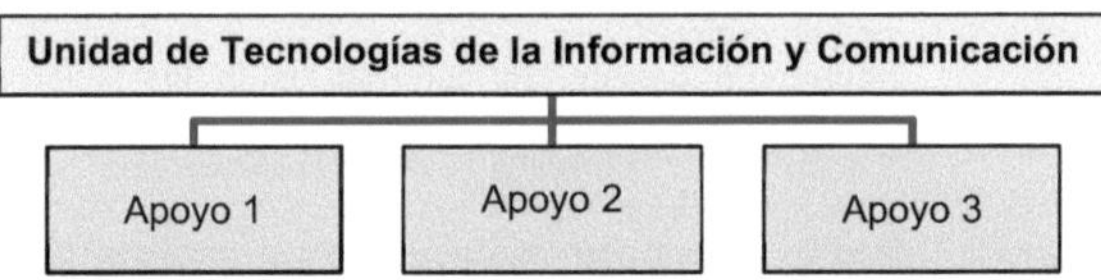

Nota. Esta figura refleja la estructura vigente de la Unidad de TICS del ISTB, con base a la asignación del personal.

D. Análisis de las Tecnologías de información empleadas

Dentro de las tecnologías y sistemas que actualmente están implementados en la Institución de Educación Superior (IES) se detallan en la tabla seis (6), con sus respectivas descripciones y responsables.

Tabla 4.5.

Sistemas implementados en la Institución.

Nombre	Descripción	Tipo	Responsable
Plataforma LMS Moodle Académica	La plataforma virtual Moodle es un sistema que permite la partición asíncrona de los estudiantes con los docentes.	Open Source	TICS
Plataforma LMS Moodle-CFISE	Esta plataforma es exclusiva para el Centro de formación integral y servicios especializados de la institución.	Open Source	TICS
SAI	El Sistema Académico Integral es un sistema que permite el proceso de matriculación de los estudiantes y la gestión de otros procesos institucionales.	Propietario	Vicerrectorad o Académico
Página Web Institucional	Esta herramienta web permite posicionar a la IES en un ambiente virtual con la sociedad, brindando información pública sobre la promoción de sus carreras y de su accionar como institución.	Propia	TICS

Nota. Con base a la revisión del inventario tecnológico proporcionado por la comisión de TICS de la institución.

Para una mayor comprensión de los sistemas implementados, se dispone el detalle de los módulos que los integran:

Tabla 4.6.

Módulos del Sistema Académico Integral (SAI) del ISTB.

Módulo	Descripción	Estado
Administrador	Módulo de administración de forma generalizada el aplicativo, teniendo control sobre la creación de usuarios, consultas y respaldos de datos.	Activo
Rector	Módulo creador de carreras, distributivos y consultas.	Activo
Vicerrector	Módulo gestión de distributivos, y otras opciones del módulo rector.	Activo
Coordinador	Módulo de gestión de carreras de la institución permite las acciones de creación y verificación de distributivos, consulta de calificaciones y homologaciones.	Activo
Bienestar estudiantil	Módulo encargado de la gestión y consulta del estado vigente de los estudiantes.	Falta
Subcoordinador	Módulo que permite la gestión de estudiantes de la IES y consultas.	Activo
Secretaria	Módulo gestor del sistema con el privilegio de edición y modificaciones de calificaciones, documentos y certificados.	Activo
Docente	Módulo gestor de ingreso de calificaciones parciales y asistencia.	Activo
Estudiante	Módulo de consulta de calificaciones, información de la asistencia.	Activo
Evaluación Docente	Módulo gestor de fechas de evaluación de desempeño docente y validación de la información, se aprecia como recurso de este módulo un formulario con un conjunto de preguntas de autoevaluación, coevaluación y hetero evaluación.	Activo
Inglés	Módulo para la matriculación de estudiantes y calificaciones de los módulos de inglés obligatorio.	Activo
Vinculación	Módulo gestor de registro, planificación y ejecución de la vinculación social grupal.	Falta
Prácticas	Módulo gestor que permite el registro de convenios y estudiantes en proceso de prácticas pre profesionales.	Falta
Titulación	Módulo gestor de registro de temas y seguimiento del proceso de titulación de estudiantes.	Activo
Consejo	Módulo gestor de consulta y carnetización general estudiantil.	Falta

Nota. Con base a la revisión, evaluación y análisis del sistema SAI del ISTB.

Teniendo en cuenta la página web institucional de la IES, se presenta en la tabla ocho (8) la respectiva distribución de las secciones que la componen.

Tabla 4.7.

Secciones de la página web institucional del ISTB.

Sección	Descripción	Estado
Inicio	Sección que refleja información básica de la institución como la descripción de ¿Quiénes somos?, los enlaces de las carreras que ofertan, enlaces hacia los diferentes soportes y aplicación implementadas, panel de noticias y el panel que redirige a la revista científica interna.	Activo
Transparencia	Sección que involucra información de las rendiciones de cuentas anuales, información de los estudiantes matriculados.	Activo
Comisiones	Sección que demuestra información de los correos de los docentes y comisiones existentes en la institución.	Activo
Educación Continua	Sección que dispone al público en general de la información sobre el calendario y plan de capacitación docente vigente elaborado por el Centro de formación integral y servicios especializados de la institución.	Activo
Calendario Académico	Otorga la información y soporte del cronograma vigente del periodo académico de la institución.	Activo

Nota. Con base a la revisión, evaluación y análisis de la página web institucional del ISTB.

Por otra parte, teniendo en cuenta la Plataforma LMS Moodle Académica de la IES, se presenta en la tabla número nuevo (9) la respectiva distribución de las secciones que la componen.

Tabla 4.8.

Secciones de la Plataforma LMS Moodle Académica.

Sección	Descripción	Estado
Principal	Este punto refleja información básica de la institución con la distribución de los periodos, carreras vigentes y cursos académicos habilitados.	Activo
Calendario	Muestra información sobre los eventos suscitados en el entorno.	Activo
Cursos	Demuestra todos los cursos habilitados que serán impartidos a las estudiantes administradas por los docentes de la institución.	Activo
Administración del sitio	Permite la configuración, creación de nuevos cursos académicos y categorías.	Activo

Nota. Con base a la revisión y análisis de la Plataforma LMS Moodle Académica del ISTB.

De otro modo, teniendo en cuenta la Plataforma LMS Moodle, exclusiva y administrada por el Centro de formación integral y servicios especializados (CFISE) de la IES, se detalla en la tabla 4.9., la respectiva distribución de las secciones que la componen.

Tabla 4.9.

Secciones de la Plataforma del CFISE del ISTB.

Sección	Descripción	Estado
Principal	Refleja información básica de la institución con la distribución de los periodos y cursos de capacitación que están disponibles.	Activo
Calendario	Muestra información sobre eventos del entorno virtual.	Activo
Cursos	Demuestra todos los cursos habilitados que pueden ser tomados por a los docentes de la institución gestionada por los instructores habilitados.	Activo
Administración del sitio	Indica la configuración, creación y administración de nuevos cursos de capacitación.	Activo

Nota. Con base a la revisión y análisis de la Plataforma LMS Moodle del CFISE del ISTB.

Se presentan otras tecnologías y sistemas que utiliza actualmente la comunidad del ISTB que se manifiestan en la tabla 4.10.:

Tabla 4.10.

Otras tecnologías y sistemas del ISTB.

Sección	Descripción	Estado
Google Suit	Esta Suit está al alcance de todo el personal docente y administrativo ofrecido por Google bajo cuentas educativas.	Activo
Servicios web apache y php	Estos servicios están habilitados para la implementación de las plataformas y aplicativos de la institución con la versión de apache 2. 4 .43 y php 7.4.	Activo
cPanel	Actualmente, la institución cuenta con una licencia de cPanel para la administración de su hospedaje web.	Activo
Servicio de bases de datos web	Este servicio permite a la institución albergar la información registrada a través de las aplicaciones implementadas con un panel accesible y fácil de utilizar.	Activo
Zoom	Este aplicativo permite las reuniones virtuales con los equipos y personal de la institución, son pocas las cuentas de pago adquiridas por el personal.	Activo

Nota. Con base a la revisión de las aplicaciones y sistemas implementados por la unidad de TICS en el ISTB.

E. Análisis financiero de tecnologías

Para un mejor conocimiento del flujo de inversión se ejecuta el análisis de la inversión realizada en tecnologías de la información correspondientes al año 2021:

Tabla 4.11.

Análisis financiero de TI.

Detalle	Monto de Inversión	Año
Pago por servicio de internet.	$ 480	
Pago de hospedaje web, dominios y licencia de cPanel.	$ 1500	2021

Nota. Con base a información proporcionada por el departamento de Tecnologías de Información del ISTB.

En la tabla número doce (12) se manifiesta la inversión que realizo la Institución en Tecnología durante el año 2021, siendo la mayor inversión realizada la cancelación anual del hosting, dominios y licencias de cPanel, en este hospedaje se implementa el sistema académico y las plataformas LMS Moodle tanto para la academia al servicio de los Docentes, Estudiantes y el Centro de capacitación Institucional.

Cabe mencionar que por la pandemia mundial del Covid-19 la institución no realizo adquisición mayor de otras tecnologías, equipos y dispositivos informáticos, por el contrario, debido al confinamiento, se propuso pasar de una educación presencial a una netamente virtual, esto permitirá que las operaciones y servicios de tecnología estén habilitados en todo momento en beneficio de su comunidad institucional.

F. Diagnóstico del análisis situacional

Por medio del análisis de la situación inicial, se llega a determinar que no existe un plan estratégico de tecnología establecido por la Unidad de Tecnologías de la Información y Comunicación (TIC) de la institución, por sobre todo lo anterior se deja constancia que la gestión realizada por este departamento o comisión es atreves de las tareas marcadas en la planificación estratégica, se encuentra que carece también de un plan operativo anual (POA) propio característico de las actividades de apoyo, por lo tanto, trabaja sobre el POA institucional general.

Se menciona, además, que actualmente el POA 2021 considera cuatro (4) objetivos estratégicos planteados, de los cuales el departamento de TIC de la institución sirve de apoyo al cumplimiento del objetivo estratégico número cuatro (4) que puede observarse en la Figura tres (3) de este documento.

En concordancia con lo anterior, se ubica que la institución no cuenta con sistemas de gestión por procesos, ya que el sistema académico actual no cumple al 100% con toda la automatización de procesos, por otro lado, el organigrama planteado en la planificación general expresa veintitrés (23) comisiones existentes en el cual no se refleja el departamento de TICS o Sistemas, se verifica además que el personal usa aplicaciones de terceros gratuitas para realizar gestiones con los Estudiantes, Docentes y Administrativos, es el caso del uso de la Suite de Google y la aplicación Zoom para realizar videoconferencias.

Por último, no se registra documentos formales de planeación de parte de la Unidad de tecnología de la entidad de educación, carece de una misión y visión del departamento y documentación de la red actual de la misma, se registra un inventario tecnológico por parte de la unidad antes mencionada en el cual se listan todos los dispositivos y equipos existentes en los laboratorios de la institución, los departamentos no cuentan con ordenadores exclusivos proporcionados por la institución para sus empleados, en consecuencia estos usan sus propios ordenadores personales para planear y ejecutar actividades.

4.2.5. Modelo Organizacional

4.2.5.1. Análisis del entorno

Para efecto de articular la documentación existente del plan de desarrollo institucional de la Institución, se tomará la misión, visión y ejes estratégicos estipulados en el mismo, por el contrario, se hará un análisis siguiendo el proceso adecuado, según la norma, la metodología PETI para concebir nuevas estrategias de acción.

A. Análisis Interno

En este ítem se plasma las oportunidades, fortaleza, amenazas y debilidades. Las fortalezas son las peculiaridades con que cuenta la institución y le permite tener una posición frente a otras Instituciones de Educación Superior para el cumplimiento de sus objetivos estratégicos; en consecuencia, las debilidades son obstáculos o circunstancias internas de la institución que pueden afectar en gran medida la consecución de sus objetivos institucionales, con base a lo anterior se debe reconocer las fortalezas, potenciándolas y aprovecharlas no dejando de lado sus debilidades para contrarrestar posibles problemas o eventos convirtiéndolas en una más de las fortalezas.

Por otro lado, se denotan las fortalezas y debilidades, evaluando el medio interno de la institución que se enfatizan en conjunto con base en la realidad existente:

Tabla 4.12.

Fortalezas de la IES.

N°	Fortalezas
F1	Pertinencia de las carreras tecnológicas vigentes en la institución.
F2	Contar con planificación académica micro curricular actualizada.
F3	Trabajo colaborativo entre comisiones permanentes de la institución.
F4	Capacidad de gestión en el mejoramiento de procesos.
F5	Ubicación geográfica estratégica de la IES.
F6	Existencia de un plan estratégico institucional aprobado e implementado.
F7	Profesionales Capacitados en diferentes áreas alineadas a las carreras ofertadas por la institución.
F8	Seguimiento y evaluación de los indicadores establecidos en la planificación institucional.
F9	Reconocimiento nacional como operador de capacitación (OC) y como organismo evaluador de la conformidad (OEC) por medio del Ministerio de Trabajo.
F10	Contar con canales de comunicación oficial (Portal web y Redes sociales) de la institución.

Nota. Con base a la revisión de documentos y los resultados de las entrevistas aplicadas en la institución.

Por otro lado, se muestran las debilidades de la institución de educación superior.

Tabla 4.13.

Debilidades de la IES.

N°	Debilidades
D1	Alto índice de deserción estudiantil
D2	Insuficiencia de laboratorios, aulas, equipos, herramientas y sistemas de seguimiento a procesos.
D3	Falta de personal acreditado como docente investigador.
D4	Pocos convenios suscritos de cooperación interinstitucionales, vinculación e investigación.
D5	Poco desarrollo y ejecución de proyectos de investigación y/o vinculación que guarden relación con las carreras vigentes.
D6	Cobertura de internet poco óptima.
D7	No alineación de las funciones sustantivas de la educación superior en la institución.
D8	No existen recursos para la generación de emprendimientos e innovación tecnológica.
D9	Modelo educativo y pedagógico no implementado.
D10	Exceso de labores administrativas sumadas al cargo docente, que limitan las actividades de investigación y actualización académica.

Nota. Con base a la revisión de documentos y los resultados de las entrevistas aplicadas en la institución.

B. Análisis Externo

Los factores externos dificultan el cumplimiento de los objetivos institucionales, estos son las oportunidades y amenazas. Las oportunidades se presentan como ciertas circunstancias externas de forma positiva que permiten el funcionamiento de la institución de educación superior (IES), mientas que las amenazas se presentan como aquellas complicaciones negativas de forma externa que impiden el desarrollo normal de la IES. A continuación, se reflejan en las tablas siguientes:

Tabla 4.14.

Oportunidades de la IES.

N°	Oportunidades
O1	Exigencia de nuevos procesos de admisión para nuevos postulantes a estudios de nivel tecnológico en la modalidad presencial y dual.
O2	La comunidad tiene múltiples necesidades que permitan la planificación de proyectos y actividades de vinculación.
O3	Cambios en la matriz productiva del país y escaso desarrollo tecnológico aplicado a la matriz productiva de la provincia.
O4	Estudio gratuito de la educación en el país.
O5	Facilidad de acceso a la información pública y a los procesos institucionales.
O6	Posibles alianzas estratégicas con las IES nacionales e instituciones públicas y privadas para fortalecer el talento humano y la investigación tecnológica.
O7	Demanda laboral en la región acorde con las carreras que ofrecen.
O8	Iniciativa para el rediseño y creación de nuevas carreras tecnológicas.
O9	La evaluación del CACES facilita el desarrollo institucional.
O10	Aceptación por parte de los nuevos postulantes.

Nota. Con base a la revisión de documentos y los resultados de las entrevistas aplicadas en la institución.

Tabla 4.15.

Amenazas de la IES.

N°	Amenazas
A1	Crisis económica y déficit presupuestario del gobierno.
A2	Poco interés del sector empresarial y productivo de la región a relacionarse con la institución.
A3	Procesos de evaluación y acreditación fuera de la realidad de cada instituto superior tecnológico.
A4	No se cuenta con presupuesto propio para garantizar el cumplimiento de la planificación estratégica a largo y corto plazo.
A5	Dependencia en la admisión a carreras tecnológicas por medio de los procesos y sistemas de Senescyt.
A6	Nula contratación de docentes investigadores.
A7	Presencia de mosquitos y otros insectos, provocando riesgos para la salud de la comunidad institucional.
A8	Poco control de la delincuencia en la localidad donde se localiza la institución.
A9	Poca visibilidad de la institución ante la sociedad.
A10	Infraestructura con alto riesgo de inundaciones.

Nota. Con base a la revisión de documentos y los resultados de las entrevistas aplicadas en la institución.

C. Análisis de resultados FODA

Para la acción de análisis de los resultados del FODA se usará herramientas de evaluación de factores internos y externos, en las cuales se ubicará la ponderación con el grado de importancia y la calificación de cada oportunidad, amenaza, fortaleza y debilidad con la finalidad de determinar si se tiene un balance positivo o negativo de los mismos. Se fija para los factores clave las iniciales "O" de oportunidades, "A" a las amenazas, y a los factores externos las iniciales "F" a las fortalezas y "D" a las debilidades más el número de correspondencia.

Tabla 4.16.

Matriz de evaluación de factores externos.

	Factores externos clave	Importancia Ponderación	Clasificación Evaluación	Valor
O1	Exigencia de nuevos procesos de admisión para nuevos postulantes a estudios de nivel tecnológico en la modalidad presencial y dual.	10%	4	0,4
O2	La comunidad tiene múltiples necesidades que permitan la planificación de proyectos y actividades de vinculación.	10%	4	0,4
O3	Cambios en la matriz productiva del país y escaso desarrollo tecnológico aplicado a la matriz productiva de la provincia.	5%	2	0,1
O4	Estudio gratuito de la educación en el país.	4%	2	0,08
O5	Facilidad de acceso a la información pública y a los procesos institucionales.	5%	2	0,1
O6	Posibles alianzas estratégicas con las IES nacionales e instituciones públicas y privadas para fortalecer el talento humano y la investigación tecnológica.	10%	4	0,4
O7	Demanda laboral en la región acorde con las carreras que ofrecen.	5%	2	0,1
O8	Iniciativa para el rediseño y creación de nuevas carreras tecnológicas.	5%	2	0,1
O9	La evaluación del CACES facilita el desarrollo institucional.	5%	2	0,1
O10	Aceptación por parte de los nuevos postulantes.	5%	2	0,1
A1	Crisis económica y déficit presupuestario del gobierno.	5%	4	0,2
A2	Poco interés del sector empresarial y productivo de la región a relacionarse con la institución.	4%	3	0,12
A3	Procesos de evaluación y acreditación fuera de la realidad de cada instituto superior tecnológico.	4%	3	0,12
A4	No se cuenta con presupuesto propio para garantizar el cumplimiento de la planificación estratégica a largo y corto plazo.	4%	3	0,12
A5	Dependencia en la admisión a carreras tecnológicas por medio de los procesos y sistemas de Senescyt.	4%	3	0,12
A6	Nula contratación de docentes investigadores.	4%	3	0,12
A7	Presencia de mosquitos y otros insectos, provocando riesgos para la salud de la comunidad institucional.	2%	1	0,02
A8	Poco control de la delincuencia en la localidad donde se localiza la institución.	3%	2	0,06
A9	Poca visibilidad de la institución ante la sociedad.	4%	2	0,08
A10	Infraestructura con alto riesgo de inundaciones.	2%	1	0,02
Total		**100%**		**2,86**

Nota. Con base a las oportunidades y amenazas obtenidas en las tablas 14 y 15 de este documento.

Tabla 4.17.

Matriz de evaluación de factores internos.

	Factores internos clave	Importancia Ponderación	Clasificación Evaluación	Valor
F1	Pertinencia de las carreras tecnológicas vigentes en la institución.	7%	4	0,28
F2	Contar con planificación académica micro curricular actualizada.	6%	4	0,24
F3	Trabajo colaborativo entre comisiones permanentes de la institución.	5%	3	0,15
F4	Capacidad de gestión en el mejoramiento de procesos.	7%	4	0,28
F5	Ubicación geográfica estratégica de la IES.	5%	3	0,15
F6	Existencia de un plan estratégico institucional aprobado e implementado.	5%	3	0,15
F7	Profesionales Capacitados en diferentes áreas alineadas a las carreras ofertadas por la institución.	5%	3	0,15
F8	Seguimiento y evaluación de los indicadores establecidos en la planificación institucional.	5%	3	0,15
F9	Reconocimiento nacional como operador de capacitación (OC) y como organismo evaluador de la conformidad (OEC) por medio del Ministerio de Trabajo.	5%	3	0,15
F10	Contar con canales de comunicación oficial (Portal web y Redes sociales) de la institución.	5%	3	0,15
D1	Alto índice de deserción estudiantil	5%	3	0,15
D2	Insuficiencia de laboratorios, aulas, equipos, herramientas y sistemas de seguimiento a procesos.	5%	3	0,15
D3	Falta de personal acreditado como docente investigador.	5%	3	0,15
D4	Pocos convenios suscritos de cooperación interinstitucionales, vinculación e investigación.	5%	3	0,15
D5	Poco desarrollo y ejecución de proyectos de investigación y/o vinculación que guarden relación con las carreras vigentes.	5%	3	0,15
D6	Cobertura de internet poco óptima.	2%	1	0,02
D7	No alineación de las funciones sustantivas de la educación superior en la institución.	5%	3	0,15
D8	No existen recursos para la generación de emprendimientos e innovación tecnológica.	3%	1	0,03
D9	Modelo educativo y pedagógico no implementado.	5%	3	0,15
D10	Exceso de labores administrativas sumadas al cargo docente, que limitan las actividades de investigación y actualización académica.	5%	3	0,15
Total		**100%**		**3,1**

Nota. Con base a las fortalezas y debilidades obtenidas en las tablas 12 y 13 de este documento.

Con base a la tabla número dieciséis (16) y otros resultados obtenidos, se determina que los factores externos tienen un balance positivo en la institución, facilitando en gran medida determinar las estrategias necesarias para potenciar las oportunidades presentes y mitigar las amenazas, se menciona según la calificación obtenida que las oportunidades 1,2, y 6 son las más relevantes para la institución, mientras que, por otra parte, se identifican que las amenazas 2,3,4,5 y 6 pueden presentar un problema para la institución.

Por otro lado, la tabla diecisiete (17) indica a través de sus resultados que los factores internos tienen un balance positivo en la institución, facilitando en gran medida la determinación de las estrategias necesarias para aprovechar las fortalezas y transformar las debilidades en uno de sus puntos fuertes. Por el contrario, se expresa que las fortalezas 1,2, y 4 son las más importantes para la institución, mientras que todas sus debilidades deben tener una mayor atención para tratar de convertirlas en fortalezas.

4.2.5.2. *Estrategias*

A. Misión y Visión

Debido a la actualización reciente del plan estratégico de desarrollo institucional de la IES se tomará la misión y visión vigente suscrita en el apartado 2.3.4 y 2.3.5 de este documento que fueron concebidos por la Unidad estratégica de la IES.

B. Principios filosóficos

Con base a el análisis obtenido del FODA se identifican los siguientes principios filosóficos que permiten la expresión y el libre pensamiento en la institucionales:

a) La institución se debe ante todo al bien común, contribuyendo a la solución de problemas, por medio de la formación tecnológica y la investigación.
b) La búsqueda de la excelencia académica a través de la calidad de sus acciones.
c) Formación académica, participativa, critica, autocritica y rigor tecnológico, que comprende el respeto a los derechos humanos con conciencia ciudadana, en la búsqueda de formar hombres y mujeres de bien.
d) Preservación, cuidado y protección del medio ambiente.
e) Práctica de los valores éticos y morales.

C. Estrategia Institucional

De las estrategias que seguirán para el cumplimiento de los objetivos trazados por eje estratégicos, se llevarán a cabo un orden de prioridad, conforme la estrategia plasmada por unidad estratégica de la institución. A continuación, el detalle de la estrategia.

Tabla 4.18.

Estrategias del Eje Docencia.

Objetivo Estratégico	Estrategias	Metas
Fomentar una oferta académica flexible, adaptada a las necesidades de la sociedad y atractiva para el mercado laboral, garantizado la calidad, pertinencia y relevancia social.	• Mejorar la eficiencia académica para alcanzar niveles óptimos de calidad nacional. • Realizar programas de capacitación y reconocimiento de especialización profesional y educación continua para la comunidad institucional. • Mejorar el proceso de acompañamiento y seguimiento de estudiantes activos y graduados.	Hasta el 2024 la institución contará con: • Modelo Educativo aprobado, con sus respectivos distributivos y horarios por periodo académico. • Actividades ejecutadas en un 100% según la planificación por periodo académico. • Una inducción o curso de capacitación planificada para los estudiantes por cada periodo académico. • Comunidad institucional capacitada en el uso de herramientas técnicas y tecnológicas óptimas para el proceso de enseñanza-aprendizaje. • Elaboración de al menos cuatro libros y/o guías de estudios prácticas de las asignaturas asignadas. • Un Informe general sobre los conflictos académicos por cada periodo. • Un Plan de Mejoras por periodo académico que permita superar los problemas, debilidades y carencias identificadas en los procesos de enseñanza-aprendizaje. • La aprobación de proyectos de diseños y/o rediseños carrera propuestos por medio del CES. • El 80% de los estudiantes recibirán educación extracurricular que complemente su formación en áreas de especialización de las carreras.

Nota. Con base a los objetivos plasmados en el PEDI vigente del ISTB y al análisis FODA obtenido en el apartado 3.2.2.1 literal c de este documento.

Tabla 4.19.

Estrategias del Eje Investigación.

Objetivo Estratégico	Estrategias	Metas
Fortalecer la investigación para el desarrollo de la ciencia y/o tecnología, con el fin de transferir nuevos conocimientos en beneficio de la sociedad, vinculados a la matriz productiva, plan nacional y	• Ejecutar el modelo de investigación que articulen las funciones sustantivas de la educación superior. • Realizar trabajos investigativos en la institución que promueva la calidad científica y académica. • Contribuir a la sociedad a través	Hasta el 2024 se habrá ejecutado: • Un modelo de gestión de investigación al 100%. • Reglamento del sistema de innovación y capacidad de absorción reformado, y la actualización de las líneas de investigación institucionales cada 2 años. • Al menos tres planes estratégicos de investigación, direccionados con la Matriz productiva. • Desarrollo de treinta y siete proyectos de investigación que resuelvan problemas locales, uno por carrera anualmente. • La coordinación e implementación de un plan de capacitación anual en temas orientados a investigación.

Objetivo Estratégico	Estrategias	Metas
objetivos de desarrollo sostenible.	de la transferencia del conocimiento. • Promover la cultura de emprendimiento para impulsar el desarrollo micro-empresarial.	• Diez convenios firmados para gestionar la ejecución de proyectos y/o programas de investigación. • Participación de al menos el 20% de docentes en eventos académicos y/o científicos con avances y/o resultados de proyectos de investigación institucional. • Al menos el 20% de avances y/o resultados de proyectos de investigación institucionales en revistas científicas y/o académicas. • Participación de la institución en al menos cinco redes de investigación a nivel nacional y/o internacional. • Al menos nueve ediciones de la revista científica institucional y la publicación de cinco libros de memorias.

Nota. Con base a los objetivos plasmados en el PEDI vigente del ISTB y al análisis FODA obtenido en el apartado 3.2.2.1 literal c de este documento.

Tabla 4.20.

Estrategias del Eje Vinculación.

Objetivo Estratégico	Estrategias	Metas
Vincular al tecnológico con sectores políticos, económicos, sociales, productivos, y culturales para facilitar el desarrollo de la provincia, la zona y el país.	• Elaborar programas de vinculación, que permitan potenciar el rol transformador de la institución frente a la comunidad, aumentando su impacto social. • Actualizar permanente a través de la prestación de servicios especializados a los integrantes de la institución, graduados, personal de empresas públicas y/o privadas. • Fortalecer el sistema actual de prácticas pre profesionales.	Hasta el 2024, la institución habrá ejecutado eficientemente: • Un modelo de gestión de Vínculo con la Sociedad, actualizado al menos cada 2 años. • Al menos siete programas de vinculación con la sociedad. • Al menos seis capacitaciones sobre el proceso de actividades y/o proyectos de vinculación ejecutadas. • Al menos sesenta y nueve actividades y/o proyectos de vinculación ejecutados. • La firma de ocho convenios de vinculación con la sociedad. • Treinta y siete convenios de prácticas pre profesionales. • Actualizado el reconocimiento como Operador de Capacitación - OCC. • Cinco planes de capacitación ejecutados anualmente. • La actualización del reconocimiento institucional como Organismo evaluador de la conformidad. • Diez procesos de formación dual desarrollados. • Al menos diez procesos ejecutados de prácticas pre profesionales.

Nota. Con base a los objetivos plasmados en el PEDI vigente del ISTB y al análisis FODA obtenido en el apartado 3.2.2.1 literal c de este documento.

Tabla 4.21.

Estrategias del Eje Gestión (Parte 1).

Objetivo Estratégico	Estrategias	Metas
Implementar un modelo de gestión que fortifique el desarrollo humano y tecnológico con juicios de calidad, transparencia, y oportunidad, dentro de un ambiente de bienestar, comunicación e información comunitaria, que facilite el crecimiento y sostenible de la institución.	• Implementar un sistema para la formulación, ejecución, control y seguimiento de la planificación estratégica institucional. • Mejorar la infraestructura de tecnología para la correcta operación institucional. • Fortalecer el direccionamiento y la evaluación permanente para mantener la acreditación institucional. • Implementar el servicio y uso integral de la biblioteca general institucional.	Hasta el 2024 la institución habrá ejecutado con éxito: • Un Plan Estratégico ejecutado con sus respectivos planes Operativos. • Cinco procesos de rendición de cuentas a la comunidad institucional. • El diseño del manual de procesos acorde al modelo de gestión de la institución. • Elaboración de un instructivo de seguimiento y evaluación estratégico. • La sistematización de al menos el 80% de los procesos institucionales. • La ejecución de cinco planes de seguridad, soporte técnico y mantenimiento a los recursos tecnológicos del Instituto. • La implementación de un entorno de aprendizaje permanente para docentes y estudiantes. • Un modelo de autoevaluación institucional, ejecutado al menos cada dos años. • Un plan elaborado de aseguramiento a la calidad de indicadores y metas establecidas por el CACES y Senescyt. • Una catalogación automatizada para la búsqueda de sus libros existentes en la biblioteca institucional. • Al menos cinco planes de adquisición bibliográfica, acorde a las carreras ofertadas en la institución de educación superior. • Un sistema de información para la administración de servicios de biblioteca. • Haber incrementado el acervo bibliográfico en un 32%.

Nota. Con base a los objetivos plasmados en el PEDI vigente del ISTB y al análisis FODA obtenido en el apartado 3.2.2.1 literal c de este documento.

Tabla 4.22.

Estrategias del Eje Gestión (Parte 2).

Objetivo Estratégico	Estrategias	Metas
Implementar un modelo de gestión que fortifique el desarrollo humano y tecnológico con juicios de calidad, transparencia, y oportunidad, dentro de un ambiente de bienestar, comunicación e información comunitaria, que facilite el crecimiento y sostenible de la institución.	• Fomentar la identidad sistémica e imagen institucional a nivel interno y externo. • Impulsar la cooperación interinstitucional para el fortalecimiento de las funciones sustantivas. • Implementar un sistema para la formulación, ejecución, control y seguimiento de la planificación estratégica institucional.	Hasta el 2024 la institución contará con: • Un plan comunicacional diseñado y ejecutado anualmente. • Un informe de las estrategias utilizadas para publicitar la imagen institucional por periodo académico. • Diez procesos publicitarios con respecto a matriculación por periodo académico ejecutados. • Cinco proyectos con sus respectivos convenios de cooperación académica, técnica y/o financiera firmados y ejecutados. • Un modelo de gestión ejecutado de relaciones Internacionales y/o interinstitucional. • Tres convenios con entidades de educación superior públicas y/o privadas u organismos internacionales firmados. • Un modelo de procesos gestión de gestión administrativa y financiera 100% ejecutado. • Cinco planes de mantenimiento institucional ejecutados.

Nota. Con base a los objetivos plasmados en el PEDI vigente del ISTB y al análisis FODA obtenido en el apartado 3.2.2.1 literal c de este documento.

D. Competencias

En este punto, se examinan las fortalezas institucionales. La fortaleza principal del Instituto Superior Tecnológico Babahoyo es ser una institución de educación superior que oferta sus servicios de forma gratuita a los postulantes que han accedido al sistema de educación nacional superior por medio de la secretaria de Educación Superior, Ciencia, Tecnología e Innovación (Senescyt).

El Instituto Babahoyo, según las fortalezas obtenidas y las más importantes luego de la valoración porcentual, se obtiene que cuenta con la pertinencia necesaria de las carreras que oferta, así como también una planificación académica actualizada y acorde a sus capacidades, no dejando de lado, la capacidad de gestionar los procesos internos, conformada por docentes y administrativos en diferentes áreas acorde al perfil profesional exigido por la institución, además se indica que posee un plan de seguimiento. En su afán de llegar a la comunidad cuenta con canales oficiales de comunicación y redes sociales habilitadas para mantener informada a la ciudadanía en general.

4.2.5.3.   Modelo operativo

En este punto se suman esfuerzos para el análisis y posible propuesta, que puede ser tomada para la reingeniería de procesos en la institución. Para el cumplimiento del objetivo general de la institución posee un conjunto de procesos definidos, por lo que se propone el siguiente mapa de procesos reflejado en la Figura 7.

Figura 4.2.

Mapa de procesos del ISTB.

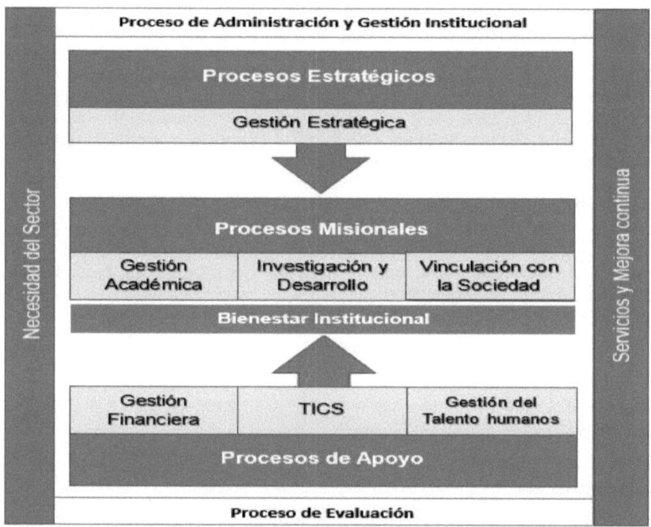

Nota. Esta figura refleja los procesos que lleva a cabo la institución, con base a la revisión del PEDI y el estatuto institucional vigente.

4.2.5.4.   Estructura de la organización

A través de la revisión y análisis exhaustivo de la documentación existente se obtiene la propuesta de un organigrama en el cual se incorpora solo el departamento de TICS que no está incluido en el organigrama actual de la Institución de Educación Superior, la inclusión de las tecnologías informáticas en los procesos internos de la misma se verá potenciados logrando así una transformación digital exitosa en el accionar del cumplimiento óptimo de su misión y visión.

Con los resultados obtenidos y fundamentados en el análisis FODA, se recomienda la creación de la unidad de TICS de la institución como actor colaborador en todas las unidades o comisiones existes, sirviendo como soporte y unidad asesora tecnológica permanente para el cumplimiento del PEDI institucional, de la mano con los objetivos, políticas, estrategias y cumplimiento de plazos con alineación a los objetivos de la institución.

Figura 4.3.

Propuesta de actualización del Organigrama Institucional.

Nota. La figura anterior refleja las comisiones permanentes de la Institución de educación incluida también la Unidad de Tics, con base al análisis de documentos y organigrama institucional.

4.2.5.5.   Arquitectura de la información

En esta parte se consiente el detalle completo de la arquitectura de información referente al Instituto Superior Tecnológico Babahoyo, por medio de la evaluación y análisis del software implementados para los procesos, se propone el tratamiento general y uniforme de la información.

Figura 4.4.

Propuesta de la Arquitectura de Información del ISTB.

Nota. Esta figura refleja la arquitectura de la información en niveles de la Institución de educación, con base al análisis de documentos formales del ISTB.

Para un mejor entendimiento de la arquitectura se describen los flujos de información y unidades departamentales que se involucran en cada nivel de requerimiento de información institucional:

Tabla 4.23.

Detalle de la Arquitectura de información del ISTB.

#	Nivel	Unidades departamentales	Detalle
1	Toma de decisiones	Rectorado, Vicerrectorado,	Este nivel tiene por objeto la determinación de los objetivos.
2	Estrategias y planeación	Unidad Estratégica	Orientación a la planeación, comunicación con la finalidad de cumplir con los objetivos.
3	Ejecución y cumplimiento	Todas Unidades permanentes.	Orientación a la ejecución y cumplimiento de actividades o tareas. Coordinadores de las unidades, direccionan los procesos internos y tareas de cada comisión.
4	Seguimiento, control y evaluación	Unidad de aseguramiento de la calidad	Dirección a los procesos de seguimiento y evaluación de las tareas, para la acreditación institucional.

Nota. El detalle de los módulos que conforman la arquitectura de la información del Instituto Superior Tecnológico.

Por otro lado, se aclara que los integrantes de cada unidad utilizan sus propios ordenadores personales para el cumplimiento de procesos y tratamiento de información generada durante la ejecución de tareas asignadas según el plan operativo implementado por la unidad estratégica de la Institución.

4.2.6. Modelo de Tecnología de la información (TI)

Esta fase se concibe el modelo de TI cuyo fine en la alineación, control y unificación de los componentes y soluciones de Tecnologías de la información y comunicación (TIC) del Instituto Superior Tecnológico Babahoyo facilitando en gran medida la ventaja estratégica y competitiva, además el mejoramiento en el soporte a las operaciones de la institución.

En consecuencia, este modelo busca alinear las unidades o comisiones en un mismo ideal estratégico sobre las tecnologías de la información, por lo que es necesario la proposición de la misión, visión y estrategia de la unidad de TIC.

4.2.6.1. Estrategia de TI

Especificar una estrategia de tecnologías de la información (TI) liderada por la Coordinación de TIC del Instituto Superior Tecnológico Babahoyo con la vigencia (2021-2024), que responda a los servicios e infraestructura tecnológica, sistemas y seguridad de la información y al modelo de gestión en el cumplimiento al siguiente objetivo general:

- Fortalecer los servicios de tecnología para optimizar los procesos institucionales.

a. Misión de la Unidad de TIC.

Proporcionar productos y servicios tecnológicos estandarizados, escalables, seguros y de calidad, aplicando buenas prácticas que agreguen valor y brinden soporte a los procesos institucionales.

b. Visión de la Unidad de TIC

Ser la unidad que contribuye de forma positiva y estratégica al aprovisionamiento tecnológico con calidad, seguridad, eficiencia e innovación al servicio de la comunidad institucional para el cumplimiento de los objetivos estratégicos.

c. Objetivos de la Unidad de TIC
- Implementar sistema de gestión de aprendizaje (LMS) que se acoplen a las necesidades de los procesos sustantivos de la formación técnica-tecnológica.
- Desarrollar e implementar servicios y plataformas tecnológicas para la automatización de procesos departamentales e institucionales.
- Elaborar planes de capacitación para incentivar el correcto uso de las herramientas tecnológicas de la institución.
- Brindar el servicio de help desk a la comunidad institucional para el soporte de servicios y sistemas informáticos.

- Ejecutar planes de mantenimiento periódico de los recursos tecnológicos para su óptimo funcionamiento.
- Elaborar un plan de acción que garantice la seguridad, disponibilidad, confidencialidad e integridad de la información alojada en los sistemas y repositorios informáticos de la institución.

d. Metas de la Unidad de TICS

Hasta el 2024 la unidad de TICS habrá realizado:

- La implementación de un sistema de gestión de aprendizaje (LMS) por periodo académico a disposición de la comunidad institucional (Directivos, Docentes y Estudiantes) para su proceso de enseñanza y aprendizaje.
- La automatización de los procesos institucionales en un ochenta por ciento (80%).
- La elaboración y ejecución de un plan de capacitación anual para incentivar el correcto uso de las herramientas tecnológicas de la institución.
- Un servicio help desk activo y a disposición de la comunidad institucional para el soporte de servicios y sistemas informáticos.
- La elaboración y ejecución de cinco planes de mantenimiento de los recursos tecnológicos para su óptimo funcionamiento.
- La elaboración y cumplimiento de cinco planes de acción para garantizar la seguridad, disponibilidad, confidencialidad e integridad de la información alojados en los sistemas y repositorios informáticos de la institución.

e. Estrategias de la Unidad de TICS

De las estrategias que se proponen para el cumplimiento de los objetivos y metas de la unidad de TIC se presentan las siguientes:

Tabla 4.24.

Detalle de estrategias de la Unidad de TICS.

	Estrategias	Proyecto propuesto
1	Implementar Sistema de gestión de aprendizaje (LMS) Moodle por su facilidad de administración, usabilidad, versatilidad e integración con otras aplicaciones que facilitan el proceso de enseñanza y aprendizaje.	Sistema de gestión de aprendizaje (LMS) Moodle para la creación de espacios de aprendizaje.
2	Desarrollar e implementar sistema de gestión para el control y supervisión de procesos departamentales y estratégicos de la institución	Sistema informático para la gestión de procesos institucionales.
3	Diseñar plan de capacitación con base a los servicios y tecnologías implementadas para incentivar una cultura	Plan de capacitación para incentivar la cultura tecnológica.

	tecnológica en el correcto uso de las herramientas informáticas de la institución.	
4	Proveer servicio help desk por medio de canales digitales para el soporte de servicios y sistemas informáticos institucionales.	Servicio de help desk digital para brindar asistencia técnica a usuarios.
5	Diseñar plan de mantenimiento preventivo y correctivo de los recursos tecnológicos para su óptimo funcionamiento.	Plan de mantenimiento de los recursos tecnológicos para su óptimo funcionamiento.
6	Diseñar plan de acción para garantizar la seguridad, disponibilidad, confidencialidad e integridad de la información alojada en los sistemas y repositorios informáticos de la institución.	Plan de acción para la integridad y seguridad de la información.

Nota. Detalle de las estrategias para la Unidad de TICS, propuesta por el autor, con base a la necesidad tecnológica y la revisión del PEDI institucional elaborado por la Unidad Estratégica de la Institución.

4.2.6.2. *Arquitectura de Sistemas y Tecnologías de la Información*

a. *Arquitectura de Sistemas de Información*

Una arquitectura bien definida en sistema de información permite un amplio beneficio para el Instituto Superior Tecnológico Babahoyo y sobre todo la actualización de sistemas e infraestructura, en este punto se especifica en que consiste los proyectos planteados de tecnologías:

Proyecto 1, Sistema de gestión de aprendizaje (LMS) Moodle para la creación de espacios de aprendizaje.

Se propone el desarrollo de este proyecto para agregará valor al servicio educativo de la institución permitiendo la creación de espacios de aprendizaje virtual, donde los docentes y estudiantes podrán publicar, resolver y exponer tareas individuales y/o colaborativas. De esta manera el acceso a los recursos compartidos por los docentes, podrán ser utilizados por los estudiantes en cualquier momento, el administrador del sistema creará una cuenta única de los usuarios, pudiendo restablecerla en cualquier instante en caso de no recordar sus credenciales. La implementación del LMS permitirá además el aprovisionamiento y desarrollo de nuevos conocimientos y aprendizajes en los estudiantes, generando una cultura de uso de las TIC en el proceso de enseñanza – aprendizaje.

Por otra parte, la arquitectura que posee el LMS está separada en capas con la capacidad de escalar su funcionalidad, de entre ellas se manifiesta, la capa de aplicaciones que permite la interacción del usuario con el sistema web del LMS. La capa de negocio concentra los esfuerzos que cada módulo existente contenga una capa única de negocio que inscribe todo el código en funcionalidades separadas bajo el lenguaje PHP, generando comunicación directa con la capa de presentación, quien recibe todas las peticiones. Se menciona además la capa de datos quien guarda relación con el sistema de bases de datos implementado, misma que contiene las tablas en que se guarda la información de todo el sistema.

Consideraciones a tomar para la implementación:

- Alojamiento web adecuado con características físicas acorde a la demanda y complejidad del aplicativo.
- Seguridad del servicio web de alojamiento.
- Compatibilidad de hosting con la versión actualizada del LMS.
- Posibilidad de Backup y restauración de la información.

Proyecto 2, Sistema informático para la gestión de procesos institucionales.

En este segundo proyecto se propone el desarrollo de un sistema informático de gestión de los procesos que se realizan en la institución, de esta forma cada departamento contara con un módulo específico que permitirá automatizar su proceso interno, según lo especifique su modelo de gestión y sus mapas de procesos.

En consideración a lo anterior descrito, se prevé que para el desarrollo de este sistema se acapare una arquitectura modelo, vista, controlador que es una arquitectura de desarrollo de software muy bien conocida, fácil de implementar y programar, consintiendo la escalabilidad del sistema a través del tiempo. A continuación, se detallan algunas consideraciones de desarrollo:

- El software debe ser capaz de registrar los usuarios con sus respectivos privilegios de acceso al sistema.
- Cada módulo que integre el software debe ser rápido, fácil de utilizar y seguro.
- Cada módulo debe tener su propia zona de reportes.
- Alojamiento web acorde a la demanda y complejidad del aplicativo.
- Seguridad en el servicio web de alojamiento a contratar.
- Compatibilidad de hosting con las tecnologías empleadas en el sistema.
- Posibilidad de Backup y restauración del sistema.

Proyecto 3, Plan de capacitación para incentivar la cultura tecnológica.

El diseño del plan de capacitación sobre los servicios y tecnologías implementadas permitirá incentivar una cultura tecnológica entre la comunidad institucional, mejorando paulatinamente el correcto uso de las herramientas informáticas de la institución. Para el desarrollo del plan es pertinente considerar todas y cada una de las acciones que realizan los sistemas informáticos y de aquellos servicios tecnológicos vigentes en la institución. Se detallan otras consideraciones a ser tomadas en cuenta:

- Contenido del plan.
- Técnicas y metodologías.
- Cronograma y tiempo de ejecución del plan.
- Disponibilidad de Recursos (Humano, Materiales y Sistemas).
- Público objetivo.

Proyecto 4, Servicio de help desk digital para brindar asistencia técnica a usuarios.

Para brindar un servicio help desk acorde a la institución, se debe de crear un sistema que generen un canal de comunicación con los usuarios que componen la comunidad institucional con la finalidad de proporcionar ayuda en el soporte de acceso a servicios y sistemas informáticos de la institución.

Es pertinente que para el desarrollo de este sistema se utilice la arquitectura modelo, vista, controlador por su facilidad de escalabilidad y desarrollo de software fácil de aplicar y programar.

El servicio help desk debe ser operado en tres niveles de acción:

- Servicio Desk a Comisiones permanentes, en este nivel se aplicará la ayuda a requerimientos de soporte, a herramientas de gestión, servicios u otros recursos informáticos que sean utilizados por las comisiones permanentes con la finalidad de mantener y contrarrestar problemas operativos en los sistemas y recursos de TI.
- Servicio Desk a Docentes, En este nivel se receptará y atenderán las solicitudes y requerimientos de los docentes en cuanto a posibles incidentes en la plataforma Moodle, Sistema Académico Integral del ISTB, Software documental y Sistema integral académico de Senescyt.
- Servicio Desk a Estudiantes, En este nivel se receptará y atenderán las solicitudes y requerimientos de los estudiantes en cuanto a posibles incidentes en el acceso a la plataforma Moodle, Sistema Académico, Reseteo de credenciales del SIAU y SIGA de Senescyt.

Proyecto 5, Plan de mantenimiento de los recursos tecnológicos para su óptimo funcionamiento.

En este punto se proyecta un plan de mantenimiento con la finalidad y aporte al funcionamiento correcto de los recursos tecnológicos para el buen flujo de las operaciones institucionales y estratégicas.

En toda organización, por muy pequeña que parezca, debe de contar con un plan de mantenimiento completo que solvente todas y cada una de las tareas que permitan analizar, diagnosticar y corregir errores o daños en los sistemas, aplicaciones, servicios informáticos y otros recursos que posea la institución, prolongando su vida útil y operatividad.

Etapas a tomar en cuenta para el diseño del plan de mantenimiento de recursos informáticos institucionales:

- Análisis previo
- Elaboración del plan
- Ejecución del plan
- Evaluación del plan

Proyecto 6, Plan de acción para la integridad y seguridad de la información.

En esta parte se debe de diseñar un plan de acción con la finalidad de garantizar la seguridad, disponibilidad, confidencialidad e integridad de la información alojada en los sistemas y repositorios informáticos de la institución. Esto se debe a la pérdida de información y/o amenazas en la seguridad informática, para ello el plan propuesto permitirá al Instituto Superior Tecnológico Babahoyo:

- La posibilidad de reducir en un alto porcentaje la perdida de datos e información de los procesos relevantes para la institución.
- Información a la mano y segura en caso de daños en los servidores, institucionales o contratados.
- Evitar el acceso de terceros a las bases de datos y sistemas de la institución.

Este plan debe de constar de las siguientes partes importantes:

- Planeación
- Implementación del plan
- Comunicación del plan
- Seguimiento al plan

b. Arquitectura de Tecnologías de la Información (TI)

Expuesta la arquitectura de sistemas de información propuesta para el Instituto Superior Tecnológico Babahoyo, se describe como paso siguiente la infraestructura de tecnologías de la información, con base a los proyectos estratégicos detallados anteriormente que impliquen la construcción o implementación de sistemas informáticos.

Tabla 4.25.

Infraestructura tecnológica del Sistema de gestión de aprendizaje (LMS) Moodle para la creación de espacios de aprendizaje.

Hardware	Plataforma	Base de datos	Lenguajes de programación	Seguridad	Características
Servidor de aplicacione s, bases de datos con arquitectura de 64 bits. Ordenador Cliente bajo arquitectura X86 o 64 bits.	**Servidor:** Sistema operativo, Windows Server o Linux de 64 bits. **Cliente:** Sistema operativo con un navegador web.	MySql 5.7. o Superior para la implementa ción de la última versión.	Php 7.2.0 o superior. JavaScript, CSS, HTML5.	El aplicativo debe contener activa la autenticac ión de usuarios para evitar que terceros, ajenos a la institución , puedan acceder a la plataform a.	Roles de docentes, estudiantes, invitados y administradores primarios o secundarios. Instalación de nuevos plugins. Monitor del progreso. Herramientas y actividades colaborativas. Panel personalizado.

Nota. Detalle de la infraestructura propuesta, con base a la necesidad del proyecto estratégico uno (1).

Tabla 4.26.

Infraestructura Tecnológica del Sistema informático para la Gestión de Procesos Institucionales.

Hardware	Plataforma	Base de datos	Lenguajes de programación	Seguridad	Características
Servidor de aplicaciones, bases de datos con arquitectura de 64 bits.	Servidor: Sistema operativo, Windows Server o	MySql 5.7. o Superior para la implemen tación de	Php 7.2.0 o superior. JavaScript, CSS, HTML5, considerar también aquellas	El aplicativo debe contar con un módulo de autenticación para evitar que terceros,	Roles de coordinadores, apoyo, estudiante, monitor y administrador.

| Ordenador Cliente bajo arquitectura X86 o 64 bits. | Linux de 64 bits.

Cliente:

Sistema operativo con un navegador web. | la última versión. | tecnologías bajo el dominio y experticia de conocimiento del equipo de trabajo. | ajenos a la institución puedan acceder al sistema. | Interfaz gráfica amigable.

Monitor del progreso de actividades cumplidas.

Panel control personalizado. |

Nota. Detalle de la infraestructura propuesta, con base a la necesidad del proyecto estratégico uno (2)

Tabla 4.27.

Infraestructura tecnológica del Plan de capacitación para incentivar la cultura tecnológica.

Hardware	Plataforma	Seguridad	Otros aspectos
Ordenador Cliente bajo arquitectura X86 o 64 bits.	Aplicaciones web implementadas en la institución.	Realizar las prácticas con las credenciales personales asignadas por el administrador de sistemas. No comparta sus credenciales con terceros.	Digital o físico del plan de capacitaciones. Otros recursos que provea el instructor.

Nota. Detalle de la infraestructura propuesta, con base a la necesidad del proyecto estratégico tres (3).

Tabla 4.28.

Infraestructura tecnológica del Servicio de help desk digital para brindar asistencia técnica a usuarios.

Hardware	Plataforma	Base de datos	Lenguajes de programación	Seguridad	Características
Servidor de aplicacione s, bases de datos con arquitectur a de 64 bits. Ordenador Cliente bajo arquitectur a X86 o 64 bits.	**Servidor:** Sistema operativo, Windows Server o Linux de 64 bits. **Cliente:** Sistema operativo con	MySql 5.7. o Superior para la implemen tación de la última versión.	Php 7.2.0 o superior. JavaScript, CSS, HTML5, considerar también aquellas tecnologías bajo el dominio y experticia de conocimiento	El aplicativo debe contar con un módulo de autenticación para evitar que terceros, ajenos a la institución, puedan acceder al sistema.	Interfaz gráfica amigable. Monitor de solicitudes. Reportes personalizados. Roles de coordinadores, docentes, estudiantes,

	un navegador web.		del equipo de trabajo.		administrador primario y secundario.

Tabla 4.29.

Infraestructura tecnológica del proyecto estratégico, Plan de mantenimiento de los recursos tecnológicos para su óptimo funcionamiento.

Hardware	**Software**	**Seguridad**	**Otros aspectos**
Partes, piezas y dispositivos informáticos, multímetro etc.	Instaladores de Sistema operativo Windows, paquetería informática, drivers y software utilitarios.	Usar mascarilla, viseras y lentes protectores, guantes, o pulsera electrostática para evitar dañar los integrados y circuitos de los dispositivos y ordenadores.	Seguimiento al plan de mantenimiento. Comunicación del plan a la comunidad institucional. Análisis previo de la situación de los equipos y dispositivos informáticos.

Tabla 4.30.

Infraestructura tecnológica del proyecto estratégico, Plan de acción para la integridad y seguridad de la información.

Hardware	Software	Seguridad	Otros aspectos
Ordenador Cliente bajo arquitectura 64 bits. Discos duros externos.	Aplicaciones y sistemas implementados. Bases de datos. Repositorios institucionales. Software escáner de vulnerabilidades. Proxy. Antivirus. Firewall perimetral.	Evitar compartir las claves de acceso de los sistemas y puntos de acceso a redes de la institución. Efectuar el escaneo periódico de vulnerabilidades de los sistemas y equipos informáticos. Backup de bases, sistemas y repositorios.	Recursos disponibles en la institución para efectuar la implementación del plan de acción y prevención de incidentes. Personal calificado para la ejecución del plan.

Luego de la descripción de la infraestructura tecnológica que se usará para el desarrollo o implementación de sistemas, se expone la arquitectura informática que compone cada proyecto de tecnología propuesto:

La arquitectura de la red del Instituto Superior Tecnológico Babahoyo cuenta con una conexión inalámbrica para cada departamento existente, mientras que, por otra parte, los ordenadores que se encuentran en los laboratorios para el uso práctico de los saberes de los estudiantes, se conectan a una red cableada. A continuación, se detalla gráficamente la distribución de conexión:

Abreviaciones utilizadas en la figura:

- RC: Rectorado
- VRC: Vicerrectorado
- SLP: Sala de profesores
- LB: Laboratorios
- CDS: Club de desarrollo de software

Figura 4.5.

Arquitectura de Red del ISTB.

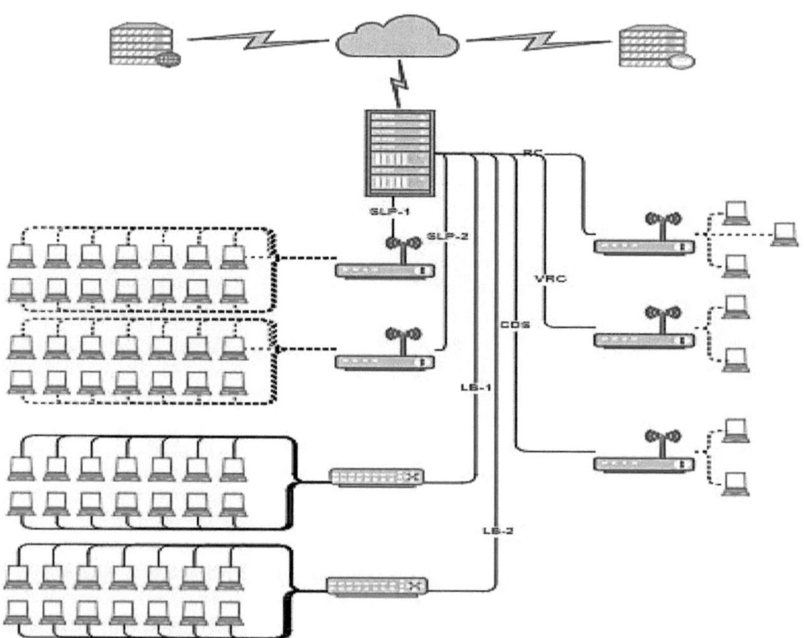

Nota. Esta figura refleja la propuesta de la arquitectura de red con base a la distribución de la red institucional, se ha diseñado con la ayuda del sistema en línea Visual Paradigm.

Se detalla también la arquitectura de tecnología de la información de los proyectos propuestos con su respectivo gráfico representativo:

Arquitectura de tecnológica del proyecto, Sistema de gestión de aprendizaje (LMS) Moodle para la creación de espacios de aprendizaje, este proyecto sin duda alguna agregará un valor significativo al quehacer educativo, ya que permitirá gestionar el proceso de aprendizaje autónomo de los estudiantes que pertenecen a las diferentes carreras que oferta la institución. A continuación, el esquema base de la arquitectura del sistema:

Figura 4.6.

Arquitectura de TI, proyecto estratégico uno.

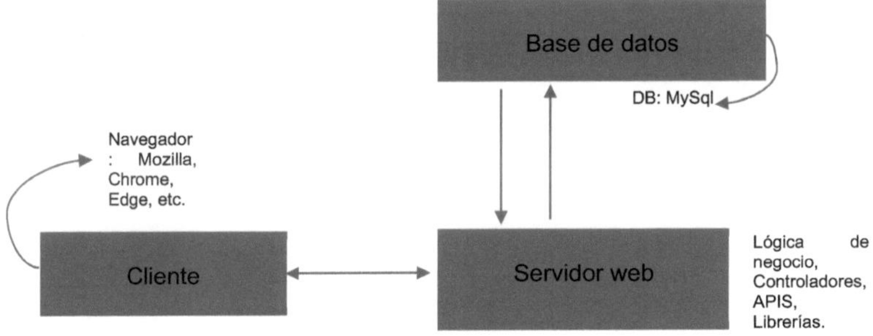

Nota. Esta figura refleja la arquitectura de TI, con base a arquitectura utilizada por la comunidad de Moodle registrada en su página oficial.

Mediante la exposición de la figura anterior, se aprecia la fragmentación e involucramiento de varios elementos que al interconectarse permiten la comunicación entre ellos, para lo cual se detallan las características mínimas del servidor incluido el ordenador cliente que interactuará y consumirá los servicios de la plataforma Moodle.

Tabla 4.31.

Requerimientos de TI del proyecto estratégico 1.

Tipo de Servidor	Procesador (Mínimo)	Memoria RAM (Mínimo)	Tamaño en Disco duro (Mínimo)
Servidor web	3 CPU Core	2GB	120GB
Cliente	2 CPU Core	2GB	80GB

Nota. Detalle de los requerimientos propuestos con base a la necesidad de TI del proyecto estratégico uno (1).

Arquitectura de tecnología de la información del proyecto, Sistema informático para la gestión de procesos institucionales, este proyecto es una fuente de oportunidad para la institución, ya que permitirá la automatización de los procesos internos tanto educativos como departamentales. A continuación, se presenta un esquema de la arquitectura que se utilizara para su construcción:

Figura 4.7.

Arquitectura de TI, proyecto estratégico dos.

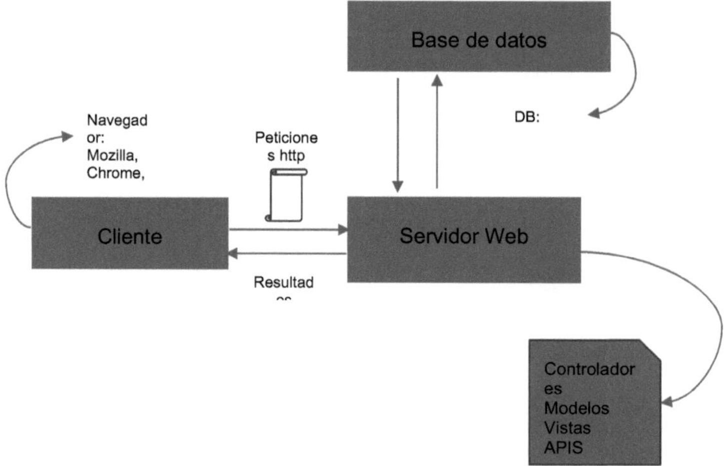

Nota. Esta figura refleja la arquitectura de TI, con base a arquitectura manejada por la unidad de TI para sus proyectos internos.

En referencia al gráfico anterior, se concibe en la tabla siguiente la propuesta de los requisitos tecnológicos para su cumplimiento óptimo, no dejando de lado que la propuesta es solo mínima y que dependiendo del proveedor de servicios de alojamiento web debe permitir su escalabilidad en caso de actualizaciones o incremento de nuevos servicios o procesos en el sistema.

Tabla 4.32.

Requerimientos de TI del proyecto estratégico 2.

Tipo de Servidor	Procesador (Mínimo)	Memoria RAM (Mínimo)	Tamaño en Disco duro (Mínimo)
Servidor web	4 CPU Core	8GB	160GB
Cliente	2 CPU Core	2GB	80GB

Nota. Detalle de la infraestructura propuesta, con base a la necesidad del proyecto estratégico dos (2)

Arquitectura de tecnología informática del proyecto, Plan de capacitación para incentivar la cultura tecnológica, para el cumplimiento de este plan se utiliza una serie de aplicaciones y plataformas en su ejecución, seguimiento y evaluación. A continuación, un esquema gráfico interconectado de las aplicaciones:

Figura 4.8.

Arquitectura de TI, proyecto estratégico tres.

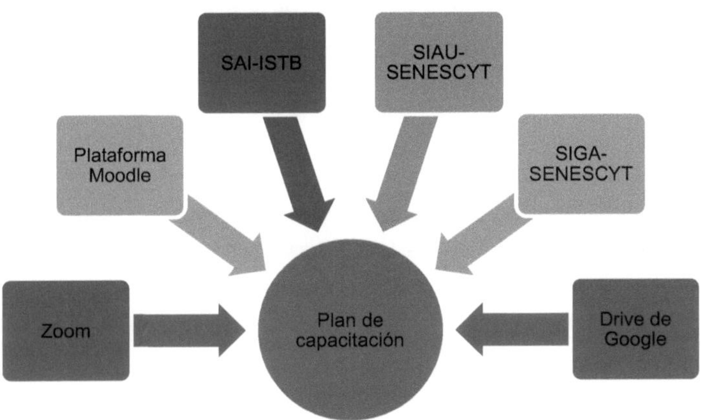

Nota. Esta figura refleja la arquitectura de TI, con base a las tecnologías y sistemas que se deben usar para su cumplimiento.

Con relación a la figura anterior se especifican los sistemas y plataformas que van a acompañar todo el proceso de desarrollo e implementación del plan de capacitaciones, para un mejor entendimiento se detallan los requerimientos tecnológicos a favor del cumplimiento del proyecto:

Tabla 4.33.

Requerimientos de TI del proyecto estratégico 3.

Descripción del Sistema	Tipo de sistema	URL	Proveedor	Capacidad de almacenamiento
Zoom	Gratuito	---	Zoom	45 minutos
Aplicaciones de Google Workspace	Gratuito	---	Google	16 GB
Plataforma Moodle institucional	Gratuito	http://186.46.233.106/aulavirtual/	ISTB	---
Sistema Académico Integral (SAI)	Propio	http://academia.istb.edu.ec/	ISTB	---

| Sistema Inteligente de atención al usuario (SIAU) | Gratuito | https://siau-online.senescyt.gob.ec/ | Senescyt | --- |
| Sistema de Gestión Integral Académica de Institutos | Gratuito | http://siga.institutos.gob.ec:8080/siga-web/ | Senescyt | --- |

Nota. Detalle de la infraestructura tecnológica necesaria para el cumplimiento del plan, con base a los sistemas y aplicaciones propias y gratuitas usadas e implementadas en la institución.

En consecuencia, de lo anterior expuesto, se recalca que, para acceder a la implementación del plan, los usuarios deberán de poseer por lo menos un ordenador con características básicas con cualquier sistema operativo instalado que cuente con un navegador web compatible como mimo dos gigabytes de RAM y procesador de dos núcleos.

Arquitectura de tecnología de información del proyecto, Servicio de help desk digital para brindar asistencia técnica a usuarios, a través de este proyecto facilitará la comunicación y soporte virtual a los usuarios que pertenecen a la institución. A continuación, se grafica la arquitectura tecnológica con que contara el sistema:

Figura 4.9.

Arquitectura de TI, proyecto estratégico cuatro.

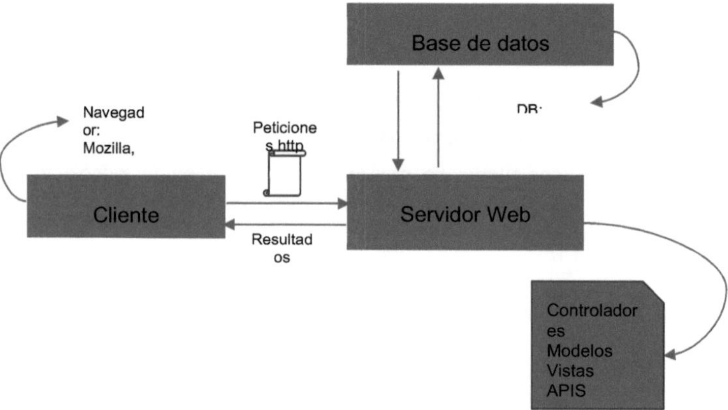

Nota. Esta figura refleja la arquitectura de TI, con base a arquitectura manejada por la unidad de TI para sus proyectos internos.

En referencia al esquema anterior, se propone una tabla con los requerimientos tecnológicos mínimos para la creación e implementación del proyecto número cuatro:

Tabla 4.34.

Requerimiento tecnológico del proyecto estratégico 4.

Tipo de Servidor	Procesador (Mínimo)	Memoria RAM (Mínimo)	Tamaño en Disco duro (Mínimo)
Servidor web	2 CPU Core	2GB	100GB
Cliente	2 CPU Core	2GB	80GB

Nota. Detalle de la infraestructura propuesta, con base a la necesidad del proyecto estratégico cuatro (4)

Arquitectura de tecnología de información del proyecto cinco, Plan de mantenimiento de los recursos tecnológicos para su óptimo funcionamiento, este proyecto brindará un mejor rendimiento de los equipos informáticos, facilitando en gran medida el desempeño en el cumplimiento de los procesos institucionales. Se expresa a continuación gráficamente las tecnologías que integran el plan de mantenimiento:

Figura 4.10.

Arquitectura de TI, proyecto estratégico cinco.

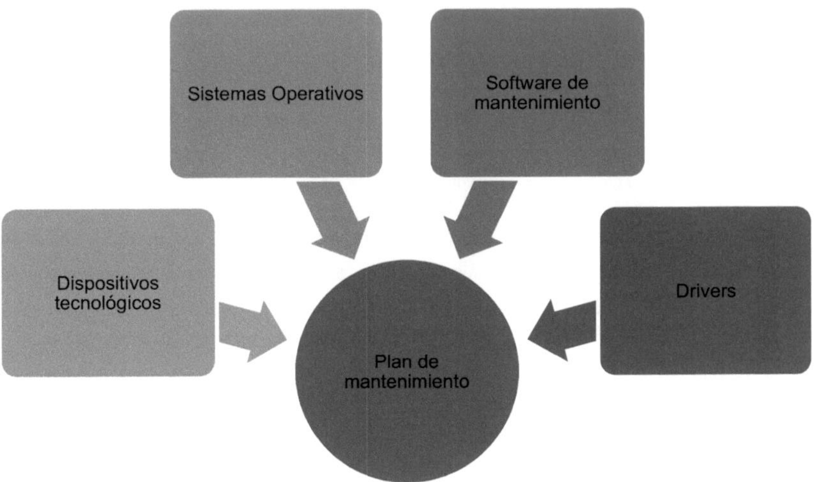

Nota. Con base a las tecnologías, sistemas y dispositivos que se deben usar para el cumplimiento del proyecto planteado.

En el esquema anterior, se denotan algunos de los componentes y recursos que formaran parte del plan de mantenimiento, por el contrario, se presenta un detalle de los recursos tecnológicos:

Tabla 4.35.

Requerimiento tecnológico del proyecto estratégico 5.

Recurso	Descripción	Tipo de sistema	Proveedor	Capacidad de almacenamiento (Mínima)
Sistemas operativos	Se debe de usar como sistema operativo Windows 10 o superior.	Propietario	Microsoft	16GB mínimo para la instalación.
Drivers	Por lo general, los sistemas operativos actuales vienen con los drivers incorporados.	Gratuito	---	----
Software de mantenimiento	Los softwares de mantenimiento dependen mucho de la necesidad y conocimiento del ejecutor técnico del plan.	Gratuito o de pago	---	---
Dispositivos y herramientas tecnológicas	En este punto se toman todos los dispositivos instalados y en stock en la institución	De pago	---	---

Nota. Detalle del requerimiento mínimo para el cumplimiento del plan de mantenimiento, con base a las aplicaciones de pago o gratuitas y dispositivos tecnológicos, usados en la institución.

Arquitectura de tecnología del proyecto, Plan de acción para la integridad y seguridad de la información, el mismo que permitirá medidas de prevención en la institución y en todos los sistemas informáticos y repositorios con la finalidad de salvaguardar la información, manteniendo en todo momento la integridad y confiabilidad extrema de los datos que maneja el tecnológico.

Figura 4.11.

Arquitectura de TI, proyecto estratégico seis.

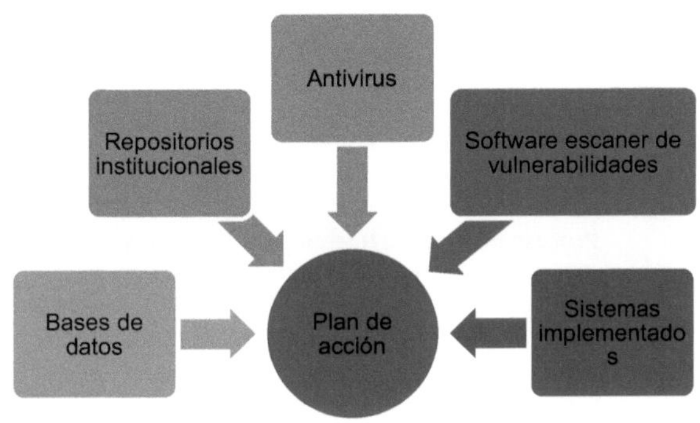

Nota. Esta figura refleja la arquitectura de TI, con base a las tecnologías y sistemas que se deben usar para su cumplimiento.

Con respecto, a la figura anterior se manifiestan los puntos arquitectónicos tecnológicos que componen el plan de acción o contingencia, se detalla a continuación los requerimientos tecnológicos a favor del cumplimiento del proyecto:

Tabla 4.36.

Requerimientos tecnológicos del proyecto estratégico 6.

Requerimiento	Tipo de sistema	Descripción
Software escáner de vulnerabilidades	De pago	Los softwares de escaneo de vulnerabilidades quedan a criterio y conocimiento del implementador y responsable del plan.
Bases de datos	De pago	Se debe contar con acceso a las bases de datos para realizar las acciones de Exportación, Importación, Backup y recuperación de datos.
Softwares implementados	Propios	Para efectuar el escaneo de vulnerabilidades se tendrá el acceso completo a los sistemas informáticos del ISTB.
Antivirus	De pago	Este punto no es menos importante que los anteriores, se debe contar con la instalación de un antivirus robusto para evitar que terceros traten de infectar los equipos o sistemas de información.
Repositorios institucionales	Gratuitos	Para el respaldo y recuperación de la información, el ejecutor del plan deberá tener el control necesario para el acceso a los repositorios institucionales.

Nota. Detalle de requerimientos tecnológicos necesarios para el cumplimiento del plan de acción, con base a las necesidades del proyecto.

4.2.6.3. Modelo operativo de Tecnología de Información

La unidad de tecnologías de la información del Instituto de educación superior Babahoyo, es una de los departamentos guiados a través de una gestión por procesos con la finalidad de potenciar la infraestructura tecnológica de la institución.

Figura 4.12.

Mapa de procesos de la Unidad de TIC propuesto.

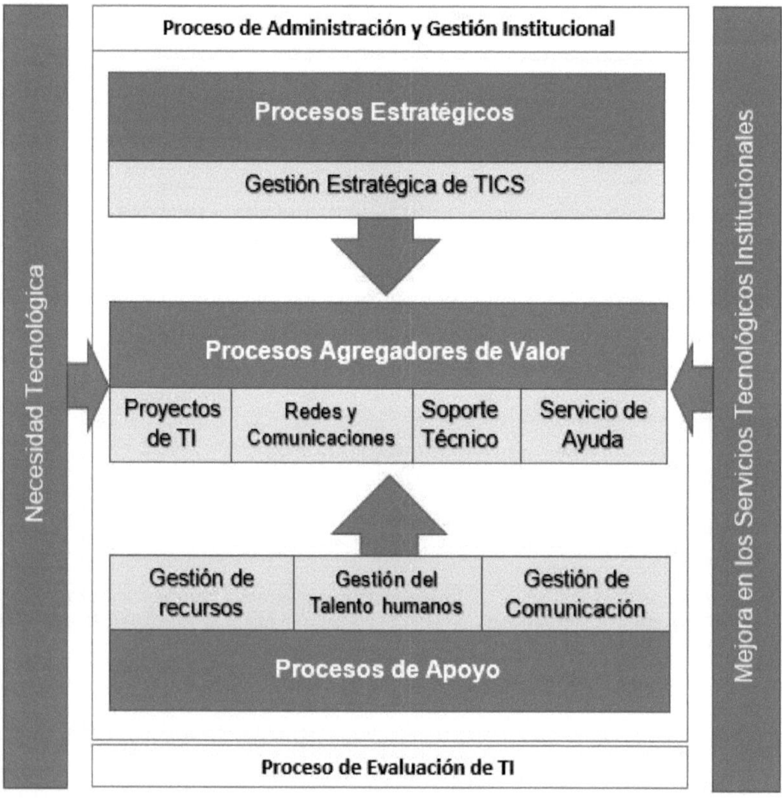

Nota. Esta figura refleja el mapa de procesos propuesto que manejará la unidad de tecnología de la institución con base a los procesos que ejecuta la unidad de TICS.

De la misma manera, el departamento de tecnología de la institución de educación superior Babahoyo tiene estrecha relación con todas las unidades permanentes y directa con la unidad de gerencia máxima (Rectorado). A continuación, se desglosa la actuación en cada uno de los procesos plasmados en el mapa de proceso anterior.

- De los procesos estratégicos, tienen como fin la gestión, planeación y ejecución de la estrategia de TI con ayuda de los involucrados en el ámbito tecnológico de los departamentos, por otro lado, busca obtener el cumplimiento de la misión y visión futura de la institución.

- De los procesos que agregan valor a los procesos institucionales se exponen los siguientes:

  En primer lugar, se ubican los proyectos de TI, los mismos que permiten que la unidad de TI regule la implementación de nuevas tecnologías y software a favor de las unidades permanentes en la institución.

  En segundo punto, se concibe el proceso de administración, y comunicaciones e informática dentro de la institución para el mantener activo los servicios tecnológicos radicados en la red.

  En tercer punto, se manifiesta el proceso de soporte técnico, este proceso ayuda significativamente a mantener operativos los recursos informáticos que han sido implementados en la institución.

  En último sitio, se presenta el servicio de ayuda virtual o Help Desk con el que se busca optimizar el tiempo de respuesta ante incidentes menores en la infraestructura vigente y futura de la institución de educación.

- Los procesos comúnmente llamados de apoyo, sirven para brindar el soporte de los recursos, proveer mano calificada y profesional, los que intervienen en la comunicación del equipo de trabajo y los demás departamentos existes.

- Por último, se manejan los procesos de evaluación de la estrategia de TI implementada por la unidad tecnológica con la finalidad de validar si la estrategia ayudo consecutivamente en el cumplimiento de los objetivos estratégicos.

4.2.6.4.   Estructura organizacional de Tecnología de Información

Se propone una estructura más organizada con diferentes roles específicos de sub unidades en beneficio del correcto funcionamiento de la unidad de TI de la institución.

Figura 4.13.

Estructura jerárquica de la unidad de TICS.

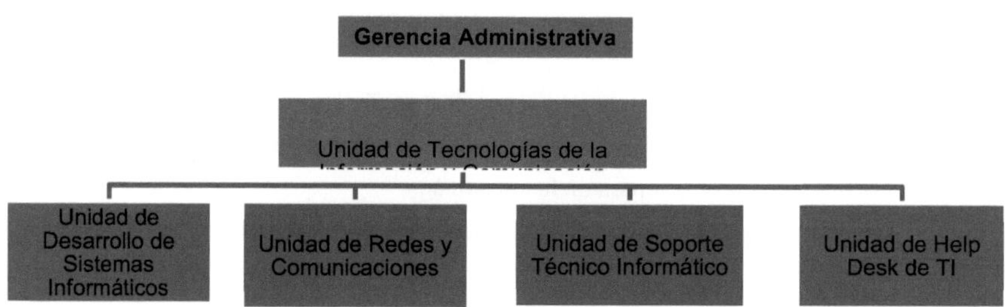

Nota. Esta figura refleja los distintos departamentos de la unidad de TICS, basado en el mapa de procesos propuesto.

A. Perfiles del personal de la unidad de TICS

Tabla 4.37.

Detalle de perfiles del personal de la unidad de TICS.

Cargo	Perfil	Años de experiencia	Cantidad
Responsable de la unidad de TICS	Ingeniero, Magíster en sistemas o carreras afines.	Mínimo 2 años de experiencia en cargos similares	1
Desarrollador de software	Analista, Tecnólogo, Ingeniero, Magíster en sistemas o carreras afines.	Mínimo 1 año de experiencia en cargos similares	2
Administrador de redes y comunicaciones	Técnico, analista, tecnólogo, Ingeniero, Magíster en telecomunicaciones y redes o carreras afines.	Mínimo 1 año de experiencia en cargos similares	1
Técnico informático	Técnico o tecnólogo en mantenimiento de equipos y dispositivos informáticos o carreras afines.	Mínimo 1 año de experiencia en cargos similares	2
Técnico de help desk	Técnico o tecnólogo en mantenimiento de equipos y dispositivos informáticos o carreras afines.	Mínimo 6 meses de experiencia en cargos similares	1

Nota. Con base a la estructura jerárquica planteada de la Unidad de TICS.

B. Funciones del personal de la unidad de TICS

Responsable de la unidad de TICS

- Elaboración y/o actualización el plan estratégico de TIC.

- Dar seguimiento al cumplimiento del plan operativo de la unidad de TIC.
- Gestionar la elaboración y actualización de normativas de la unidad de TIC.
- Gestionar la actualización de la cartera de proyectos de TI.
- Gestionar y participar activamente en la elaboración de proyectos de TI.
- Gestionar la adquisición de recursos para la implementación de sistemas y aplicaciones.
- Salvaguardar los recursos en materia de tecnología de la institución.
- Asegurar la calidad de los servicios implementados por la unidad de TIC.
- Mantener disponible la infraestructura tecnológica en la institución.
- Administrar los almacenes de datos de la institución.
- Administrar los servicios web contratados.
- Realizar copias de seguridad de sistemas, aplicaciones, repositorios y bases de datos de la institución.
- Elaborar el plan de capacitación de la unidad de TIC.
- Gestionar la elaboración y ejecución del plan de acción o contingencia ante incidentes en la infraestructura tecnológica de la institución.
- Elaborar planes de mantenimiento tecnológico.
- Elaborar informes de cumplimiento de actividades.

Desarrollador de software

- Participar en el cumplimiento del plan operativo de la unidad de TICS.
- Actualizar los sistemas informáticos existentes en la institución.
- Participar activamente en la ejecución y cumplimiento de proyectos de TI.
- Diseñar e implementar nuevas soluciones informáticas.
- Evaluar y corregir errores en los sistemas y aplicaciones.
- Elaborar manuales de usuarios de los sistemas de información y aplicaciones.
- Analizar y modelar bases de datos.
- Brindar asesoría a las demás subunidades de TIC.
- Elaborar informes de cumplimiento de actividades.
- Y demás funciones que sean designadas por la gerencia administrativa.

Administrador de redes y comunicaciones
- Participar en el cumplimiento del plan operativo de la unidad de TIC.
- Administrar los puntos de acceso a internet de la institución.
- Mantener activo el servicio de internet.
- Proveer un óptimo funcionamiento de la red.

- Mantener actualizados los sistemas de seguridad en los equipos clientes.
- Diagnosticar dificultades en la red.
- Solucionar incidentes para acelerar el rendimiento operativo de la red.
- Configurar los protocolos de red para evitar infiltraciones de terceros.
- Diseñar e instalar sistemas de redes LAN / WAM
- Brindar asesoría a las demás subunidades de TIC.
- Elaborar informes de cumplimiento de actividades.
- Y, demás funciones que sean designadas por la gerencia administrativa y responsable de la unidad de TIC.

Técnico informático

- Ejecutar planes de mantenimiento tecnológico bajo la supervisión del responsable de la unidad de TICS.
- Instalación y configuración de sistemas operativos en los laboratorios de la institución.
- Mantenimiento preventivo y correctivo de equipos informáticos.
- Mantenimiento preventivo y correctivo de dispositivos tecnológicos.
- Brindar asistencia técnica personalizada a las dependencias de la institución.
- Generar soluciones para aquellos problemas de segundo nivel, reportados por los usuarios de la institución.
- Elaborar informes de cumplimiento de actividades.
- Y, demás funciones que sean designadas por la gerencia administrativa y responsable de la unidad de TICS.

Técnico de help desk

- Atender las solicitudes de los usuarios por incidentes tecnológicos.
- Dar soluciones a problemas de primer nivel, reportados por los usuarios de la institución.
- Realizar actividades programadas de soporte.
- Hacer seguimientos de las solicitudes hasta resolverlas.
- Elaborar informes de cumplimiento de actividades.
- Y, demás funciones que sean designadas por la gerencia administrativa y responsable de la unidad de TICS.

4.2.7. Modelo de planeación

4.2.7.1. Prioridades de implementación

Concluido el modelo de TI, se prioriza la ejecución de los proyectos de tecnologías, evaluándolos uno a uno con la finalidad de obtener la aprobación y el financiamiento de inversión para su cumplimiento. A continuación, se detallan los proyectos estratégicos de TI propuestos a tomar en cuenta para su priorización:

Tabla 4.38.

Codificación de proyectos de TI.

Código	Proyectos Estratégicos de TI
P1	Sistema de gestión de aprendizaje (LMS) Moodle para la creación de espacios de aprendizaje.
P2	Sistema informático para la gestión de procesos institucionales.
P3	Plan de capacitación para incentivar la cultura tecnológica.
P4	Servicio de help desk digital para brindar asistencia técnica a usuarios.
P5	Plan de mantenimiento de los recursos tecnológicos para su óptimo funcionamiento.
P6	Plan de acción para la integridad y seguridad de la información

Nota. Con base a los proyectos estratégicos de TI propuestos en el modelo de TI de este documento.

Para validar la prioridad de los proyectos estratégicos de TI, se usará la matriz de priorización de Holmes, que es un instrumento que proporciona la toma de decisiones en cuanto a la selección de proyectos. Para el proceso de aplicación de la matriz antes citada, se efectúa la asignación de criterios a cada puntuación especifica. A continuación, el detalle:

- 0 = El criterio de la fila tiene un menor valor de prioridad que el criterio de la columna.
- 0,5 = Tanto el criterio de la fila y columna tienen el mismo valor de prioridad.
- 1 = El criterio de la fila tiene un mayor valor de prioridad que el criterio de la columna

Expuestos los criterios de evaluación, se procede a elaborar una matriz con cada uno de los proyectos en la parte superior e izquierda de la tabla, ubicando su respectiva columna de ponderación y su nivel de prioridad de implementación. A continuación, su aplicación:

Tabla 4.39.

Matriz de priorización de proyectos tecnológicos.

Proyectos	P1	P2	P3	P4	P5	P6	Total	Ponderación	Nivel de prioridad
P1		0	0,5	0,5	1	0,5	2,50	0,17	3
P2	1		0,5	1	1	1	4,50	0,31	1
P3	0	0		0,5	0,5	0,5	1,50	0,10	4
P4	0,5	0,5	0,5		1	1	3,50	0,24	2
P5	0	0	0,5	0		0,5	1,00	0,07	5
P6	0,5	0	0,5	0	0,5		1,50	0,10	4
						Total:	14,5	1,00	

Nota. Con base a la matriz de Holmes citado en (Gómez-Villoldo, 2018).

Basándose en la aplicación de la matriz de priorización, se obtiene el nivel de prioridad específica de los proyectos estratégicos sugeridos y la lista priorizada de proyectos, el cual será evaluada por la unidad administrativa en conjunto con la máxima autoridad de la institución para la designación de recursos para su ejecución y cumplimiento.

Tabla 4.40.

Lista priorizada de proyectos de TI.

#	Proyectos Estratégicos de TI
1	Sistema informático para la gestión de procesos institucionales.
2	Servicio de help desk digital para brindar asistencia técnica a usuarios.
3	Sistema de gestión de aprendizaje (LMS) Moodle para la creación de espacios de aprendizaje.
4	Plan de capacitación para incentivar la cultura tecnológica.
5	Plan de acción para la integridad y seguridad de la información
6	Plan de mantenimiento de los recursos tecnológicos para su óptimo funcionamiento.

Nota. Con base a la aplicación de la matriz de priorización de proyectos de TI.

Mediante los resultados expresados en la matriz de priorización, se puede observar que el proyecto más importante y de primer orden que necesita ser implementado es el sistema informático para la gestión de procesos institucionales, ya que la institución actualmente no cuenta con el 100% de la automatización de sus procesos, es por ello que este sistema facilitará en gran medida la versatilidad en el cumplimiento y seguimiento de sus actividades de gestión, departamentales, investigación, vinculación y académicas.

4.2.7.2. Plan de implementación

Habiendo aplicado la priorización de los proyectos propuestos de tecnologías de información en el punto *4.2.7.1* de este documento, se diseña el plan correspondiente, estimando el tiempo de duración, recursos y costo para el cumplimiento de proyectos de TI y su respectivo cronograma de implementación. A continuación, el detalle:

Tabla 4.41.

Estimación de proyectos de TI.

#	Proyecto	Recurso humano	Recursos Tecnológicos	Costo Aproximado	Tiempo	Costo Total
1	Sistema informático para la gestión de procesos institucionales.	Personal de TICS / Recursos adicionales	Dominio / Hosting VPS / Softwares de desarrollo gratuito. / Resmas de hojas A4, folders, tinta para impresora, etc.	$40,00 / $449,00 / $0,00 / $ 65,25	24 meses	$ 514,25
2	Servicio de help desk digital para brindar asistencia técnica a usuarios.	Personal de TICS / Recursos adicionales	Dominio / Hosting / Softwares de desarrollo gratuito. / Resmas de hojas A4, folders, tinta para impresora, etc.	$40,00 / $179,00 / $0,00 / $60,75	6 meses	$ 279,75
3	Sistema de gestión de aprendizaje (LMS) Moodle para la creación de espacios de aprendizaje.	Personal de TICS / Recursos adicionales	Dominio / Hosting / Sistema Moodle gratuito. / Resmas de hojas A4, folders, tinta para impresora, etc.	$40,00 / $299,00 / $0,00 / $70,45	2 mes	$ 409,45
4	Plan de capacitación para incentivar la cultura tecnológica.	Personal de TICS / Recursos adicionales	Aplicaciones Google Workspace / Zoom / Resmas de hojas A4, folders, tinta para impresora, etc.	$0.00 / $0.00 / $70,45	2 mes	$70,45
5	Plan de acción para la integridad y seguridad de la información	Personal de TICS / Recursos adicionales	Aplicaciones Google Workspace / Zoom / Resmas de hojas A4, folders, tinta para impresora, etc.	$0.00 / $0.00 / $55,37	4 meses	$55,37
6	Plan de mantenimiento de los recursos tecnológicos para su óptimo funcionamiento.	Personal de TICS / Recursos adicionales	Aplicaciones Google Workspace / Zoom / Resmas de hojas A4, folders, tinta para impresora, etc.	$0.00 / $0.00 / $60,55	2 meses	$60,55

Nota. Con base a la implementación de la matriz de priorización de proyectos de TI y la propuesta del modelo de TI de este documento.

Realizada la estimación de costes y recursos para la implementación de proyectos, se concibe el cronograma de implementación de proyectos de tecnología, cabe indicar que la Institución de Educación es una entidad sin fines de lucro, por el contrario, los responsables del desarrollo y ejecución de los proyectos será el personal que integra la unidad de tecnología de la institución en sus horas asignadas como administrativas, por otro lado, la institución usa la modalidad de autogestión para la adquisición de equipos, dispositivos y otros servicios. A continuación, el detalle del cronograma.

Tabla 4.42.

Cronograma de ejecución de proyectos de TI.

Proyecto	Actividades	Meses																						
		1	2	3	4	5	6	7	8	9	10	11	12	13	14	15	16	17	18	19	20	22	23	24
Sistema informático para la gestión de procesos institucionales.	Análisis de requisitos	X	X																					
	Planeación			X	X																			
	Implementación					X	X	X	X	X	X	X	X	X	X	X	X	X	X	X	X			
	Pruebas y retrospectiva					X	X	X	X	X	X	X	X	X	X	X	X	X	X	X	X			
	Lanzamiento y cierre del proyecto																						X	X
Servicio de help desk digital para brindar asistencia técnica a usuarios.	Análisis de requisitos							X																
	Planeación								X	X														
	Implementación										X	X												
	Pruebas y retrospectiva												X											
	Lanzamiento y cierre del proyecto													X										
Sistema de gestión de aprendizaje (LMS) Moodle para la creación de espacios de aprendizaje.	Análisis de requisitos													X	X									
	Planeación														X									
	Implementación														X	X								
	Pruebas y retrospectiva															X	X							
	Lanzamiento y cierre del proyecto																X							
Plan de capacitación para incentivar la cultura tecnológica.	Análisis																X	X						
	Planeación																	X						
	Implementación																	X	X					
	Seguimiento y evaluación																		X	X				
	Retrospectiva y actualización																			X				
Plan de acción para la integridad y seguridad de la información	Análisis																	X						
	Planeación																		X					
	Implementación																		X	X				

95

Plan de mantenimiento de los recursos tecnológicos para su óptimo funcionamiento.	Seguimiento y evaluación																																							
	Retrospectiva y actualización																																							
	Análisis																																							
	Planeación																																							
	Implementación																																							
	Seguimiento y evaluación																																							
	Retrospectiva y actualización																																							

Nota. Con base a los proyectos de TI priorizados en la tabla 4.40, pág.92, de acuerdo al tiempo estimado de proyectos reflejados en la tabla 4.41, pág. 93.

4.2.7.3. Recuperación de la inversión

Realizado el proceso de generación del plan de implementación, se procede a efectuar el análisis respetivo de costo beneficios para conocer la recuperación de la inversión al ejecutarse los proyectos de TI. A continuación, el detalle:

A. Coste de proyectos de TI

Tabla 4.43.

Matriz de coste de proyectos.

#	Proyectos estratégicos de TI	Costo de inversión
1	Sistema informático para la gestión de procesos institucionales.	$ 514,25
2	Servicio de help desk digital para brindar asistencia técnica a usuarios.	$ 279,75
3	Sistema de gestión de aprendizaje (LMS) Moodle para la creación de espacios de aprendizaje.	$ 409,45
4	Plan de capacitación para incentivar la cultura tecnológica.	$70,45
5	Plan de acción para la integridad y seguridad de la información	$55,37
6	Plan de mantenimiento de los recursos tecnológicos para su óptimo funcionamiento	$60,55
	Total de Inversión:	1.389,82

Nota. Con base a la tabla de estimación de proyectos de TI plasmada en este documento.

En referencia a los resultados de la tabla anterior, se concluye que el costo de inversión en proyectos tecnológicos para cumplir la estrategia de la institución asciende a 1.389,82 dólares distribuidos de acuerdo al requerimiento de cada proyecto propuesto.

B. Beneficios de los proyectos de TI.

Los beneficios a obtener con cada proyecto se pueden manifestar:

Proyecto, Sistema informático para la gestión de procesos institucionales:

- Agilidad y versatilidad en la ejecución, seguimiento y evaluación de los procesos.
- Reportes completos del logro de procesos y actividades.
- Oportunidad para alcanzar los objetivos estratégicos.
- Designación directa de actividades al personal de la institución.
- Facilidad de integración de los procesos institucionales.
- Detección de incumplimientos de actividades críticas para el alcance de los objetivos.

Proyecto, Servicio de help desk digital para brindar asistencia técnica a usuarios.

Solución inmediata a problemas de primer nivel generados en los servicios de TI.
- Acceso al servicio de soporte.

- Incremento en la satisfacción de empleados y estudiantes.
- Aumento de la productividad de las comisiones permanentes.
- Permite el acercamiento de la comunidad institucional y usuarios externos.

Proyecto, Sistema de gestión de aprendizaje (LMS) Moodle para la creación de espacios de aprendizaje.

- Reducción en el tiempo de acceso a cursos y capacitación a estudiantes y personal existente.
- Integración de recursos de aprendizaje.
- Seguimiento y evaluación del progreso de estudiantes
- Facilidad de acceso a recursos compartidos.
- Estimulación con buenas prácticas de enseñanza – aprendizaje.
- Adquisición de habilidades y destrezas
- Perfeccionamiento del desempeño académico y laboral.

Proyecto, Plan de capacitación para incentivar la cultura tecnológica.

- Incremento del potencial técnico del personal de las diferentes unidades permanentes.
- Alto desarrollo de destrezas y habilidades del personal en el uso de las TIC.
- Bajo índice de errores en el empleo de los sistemas, aplicaciones y servicios de TIC.
- Incremento de la satisfacción del personal en el trabajo.
- Disminución de ausentismo del personal.
- Equipos de trabajo más eficientes y aptos en el empleo de herramientas digitales.
- Incremento de la productividad institucional.

Proyecto, Plan de acción para la integridad y seguridad de la información

- Permite conservar de forma efectiva los datos privados de los empleados y de la institución.
- Consiente la protección de equipos dotando de seguridad al software y al hardware.
- Permite corregir vulnerabilidades en los sistemas y servicios de TI.
- Permite implementar acciones de configuración para el acceso a la información a personal autorizado.

Proyecto, Plan de mantenimiento de los recursos tecnológicos para su óptimo funcionamiento.

- Prolongación de la vida útil de los dispositivos y equipos informáticos de la institución.
- Incremento de la operatividad de equipos.
- Reducción de desperfectos en los equipos informáticos.
- Mejora continua y actualización de equipos informativos.
- Inventario detallado y actualizado de los equipos y dispositivos existentes.

4.2.7.4.   Retorno de inversión

El beneficio de los proyectos estratégicos no será monetario, debido a la razón social sin fines de lucro del Instituto Superior Tecnológico de Educación Superior. Ya que la visión de los mismos es optimizar el servicio educativo y departamental con la automatización de procesos y servicios tecnológicos, aplicando las mejores prácticas en la gestión de la institución.

Por otro lado, la recuperación de la inversión arroja que la cantidad que se requiere para la implementación de los proyectos de TI es de 1.389,82 dólares mismos que serán desglosados según la prioridad y complejidad de cada proyecto, indiscutiblemente ejecutado por los responsables de la unidad de TIC.

4.2.7.5.   Administración de riesgos

Es el proceso que constituye la identificación, evaluación y creación del plan para reducir y controlar los riesgos y efectos que pueden deberse a los errores de gestión en algunos casos o por amenazas en la seguridad de los sistemas informáticos de las instituciones (RedHat, 2019). Por el contrario, las amenazas pueden surgir o no durante la implementación de los proyectos de tecnología de la información, afectando el buen flujo del cumplimiento de las actividades enmarcadas en los proyectos propuestos.

En este sentido, se toma en cuenta los siguientes puntos muy importantes para la descripción y análisis del impacto de los riesgos en los proyectos sugeridos de tecnología de la información. Se aplicará los establecidos en la metodología ITIL y la norma ISO 27005:

- Identificación.
- Evaluación y priorización.
- Y, Plan de reducción.

a. Identificación de riesgos

En este punto se aplicará la descripción previa de los tipos de riesgo y la categorización de la probabilidad y el impacto para la evaluación de los riesgos:

Tabla 4.44.

Matriz de los tipos de riesgos.

Tipos de riesgos	Descripción	Nomenclatura
Riesgos del Proyecto	Son riesgos que amenazan el desarrollo de los proyectos.	RDP
Riesgos técnicos	Son amenazas que afectan la calidad	RST
Riesgos del negocio	Son aquellos que afectan la viabilidad de los proyectos.	RDN

Nota. Con base a la identificación de los posibles tipos de riesgos generales de la institución.

Tabla 4.45.

Categorización del nivel de impacto y probabilidad de riesgos.

	Probabilidad	Impacto	Nivel
	Rara vez sucede	Bajo	1
	Poco posible	Marginal	2
Criterios	Algunas veces	Critico	3
	Probable	Alto	4

Nota. Exposición de criterios en cuatro niveles según los niveles considerados de probabilidad e impacto de los proyectos de tecnología.

Con respecto a los criterios expuestos en la tabla anterior, se evaluarán los proyectos de TI propuestos para el plan de TI. A continuación, el detalle:

Tabla 4.46.

Riesgos del proyecto, Sistema informático para la gestión de procesos institucionales.

Código	Riesgo	Categoría	Probabilidad	Impacto
RTI1	Falta de recursos tecnológicos	RDP	3	2
RTI 2	Deficiente número de recurso humano en el departamento de Tics.	RDN	4	3
RTI 3	Falta de recurso económico en la institución.	RDP	4	4
RTI 4	Perdida de la información alojada en el servidor.	RST	4	3
RTI 5	Infiltración de terceros en el sistema.	RST	4	4
RTI 6	Corto tiempo de implementación.	RST	3	2
RTI 7	Resistencia al cambio en el uso del software.	RDP	3	3
RTI 8	Incumplimiento de plazos de los entregables.	RDP	3	3

| RTI 9 | Bajo ancho de banda de la conexión de internet | RDP | 4 | 3 |

A continuación, se establecen los riesgos del proyecto dos según en el orden de priorización de los proyectos de TI:

Tabla 4.47.

Riesgos del proyecto, Servicio de help desk digital para brindar asistencia técnica a

usuarios.

Código	Riesgo	Categoría	Probabilidad	Impacto
RTI10	Falta de recursos tecnológicos	RDP	3	2
RTI 11	Deficiente número de recurso humano en el departamento de Tics.	RDN	3	4
RTI 12	Falta de recurso económico en la institución.	RDP	4	4
RTI 13	Perdida de la información alojada en el servidor.	RST	2	3
RTI 14	Infiltración de terceros en el sistema.	RST	2	3
RTI 15	Tiempo corto de implementación	RST	3	2
RTI 16	Resistencia al cambio en el uso del software.	RDP	3	3
RTI 17	Incumplimiento de plazos de los entregables.	RDP	3	3
RTI 18	Bajo ancho de banda de la conexión de internet	RDP	4	3

A continuación, se constituyen los riesgos del proyecto número tres según el orden de priorización de los proyectos de TI:

Tabla 4.48.

Riesgos del proyecto, Sistema de gestión de aprendizaje (LMS) Moodle para la creación de espacios de aprendizaje.

Código	Riesgo	Categoría	Probabilidad	Impacto
RTI19	Falta de recursos tecnológicos	RDP	3	2
RTI 20	Falta de recurso económico en la institución.	RDP	3	4
RTI 21	Actualización constante del sistema.	RST	3	3
RTI 22	Débil configuración de las seguridades del sistema.	RST	2	3
RTI 23	Falta de conocimiento de los estudiantes y docentes sobre la operatividad del sistema.	RST	3	3
RTI 24	Resistencia al cambio en el uso del software.	RDP	3	4
RTI 25	Bajo ancho de banda de la conexión de internet.	RDP	3	4
RTI 26	Baja transferencia de datos.	RST	3	3
RTI 27	Poco espacio de almacenamiento de servidor web y de base de datos.	RST	4	4

Nota. Con base a los riesgos considerables de cada proyecto y determinación de su nivel de probabilidad e impacto.

A continuación, se establecen los riesgos del proyecto cuatro, según en el orden de priorización de los proyectos de TI:

Tabla 4.49.

Riesgos del proyecto, Plan de capacitación para incentivar la cultura tecnológica.

Código	Riesgo	Categoría	Probabilidad	Impacto
RTI28	Poco compromiso de los empleados de la institución.	RDN	3	3
RTI 29	Trabajo fuera de horas laborales.	RDN	3	4
RTI 30	Planificación con baja calidad	RDN	3	4
RTI 31	Instructores poco preparados.	RDP	3	3
RTI 32	Falta de recursos tecnológicos	RDP	3	4
RTI 33	Falta de recurso económico en la institución.	RDN	3	4

Nota. Con base a los riesgos considerables de cada proyecto y determinación de su nivel de probabilidad e impacto.

A continuación, se establecen los riesgos del proyecto cinco, según en el orden de priorización de los proyectos de TI:

Tabla 4.50.

Riesgos del proyecto, Plan de acción para la integridad y seguridad de la información.

Código	Riesgo	Categoría	Probabilidad	Impacto
RTI 34	Divulgación de información confidencial y claves de acceso.	RDP	4	4
RTI 35	Ataques internos y externos.	RST	2	3
RTI 36	Modificación no autorizada de la información.	RST	2	2
RTI 37	Modificación no autorizada de la configuración de los sistemas	RST	2	3
RTI 38	Volatilidad de los espacios de almacenamiento	RST	4	4
RTI 39	Vulnerabilidades en los sistemas de información y bases de datos.	RST	2	3
RTI 40	Perdidas de equipos y dispositivos informáticos.	RST	3	3

Nota. Con base a los riesgos considerables de cada proyecto y determinación de su nivel de probabilidad e impacto.

A continuación, se establecen los riesgos del proyecto seis, según en el orden de priorización de los proyectos de TI:

Tabla 4.51.

Riesgos del proyecto, Plan de mantenimiento de los recursos tecnológicos para su óptimo funcionamiento.

Código	Riesgo	Categoría	Probabilidad	Impacto
RTI 41	Falta de herramientas tecnológicas para la ejecución del plan.	RDP	2	2
RTI 42	Poco recurso humano capacitado y disponible.	RST	2	3
RTI 43	Problemas del servicio eléctrico.	RST	2	3
RTI 44	Falta de recursos económicos para la adquisición de nuevos equipos.	RST	4	3
RTI 45	Mala ejecución del plan.	RST	4	3
RTI 46	Incumplimiento de tiempos especificados en el plan.	RST	2	2
RTI 47	Perdida de equipos y dispositivos informáticos.	RST	2	3

Nota. Con base a los riesgos considerables de cada proyecto y determinación de su nivel de probabilidad e impacto.

b. Evaluación y Priorización de riesgos

En este punto se realiza la evaluación y priorización de los riesgos identificados previamente, tomando como referencia la norma ISO 27005, para una mejor priorización se elaboran la correspondiente matriz, aplicada a cada proyecto propuesto considerando los riesgos identificados, estas matrices serán de cuatro por cuatro según la categorización de la probabilidad e impacto. A continuación, el detalle:

Tabla 4.52.

Codificación de colores de la matriz de gestión de riesgos.

Color	Nivel	Código	Descripción
	Alto	A	Riesgos que necesitan mayor atención.
	Medio	M	Riesgo que no necesitan tanta atención, pero que se deben realizar monitoreo periódico.
	Bajo	B	Riesgos que no son tan relevantes.

Nota. Con base a los datos obtenidos en los riesgos identificación.

Tabla 4.53.

Matriz de gestión de riesgos del proyecto, Sistema informático para la gestión de procesos institucionales.

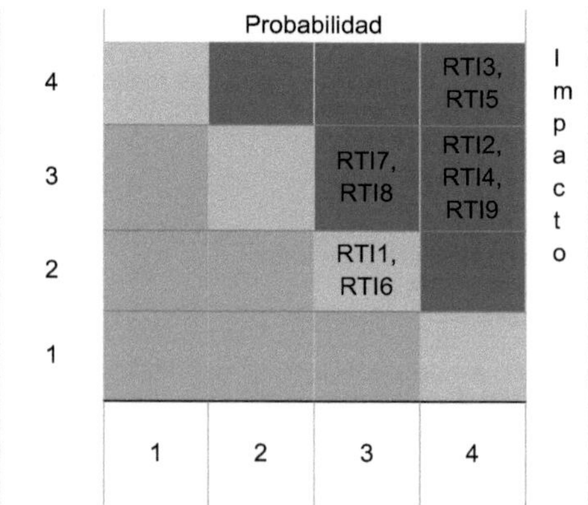

Nota. Con base a los datos obtenidos en las tablas de identificación de riesgos.

Tabla 4.54.

Matriz de gestión de riesgos del proyecto, Servicio de help desk digital para brindar asistencia técnica a usuarios.

Nota. Con base a los datos obtenidos en las tablas de identificación de riesgos.

Tabla 4.55.

Matriz de gestión de riesgos del proyecto, Sistema de gestión de aprendizaje (LMS) Moodle para la creación de espacios de aprendizaje.

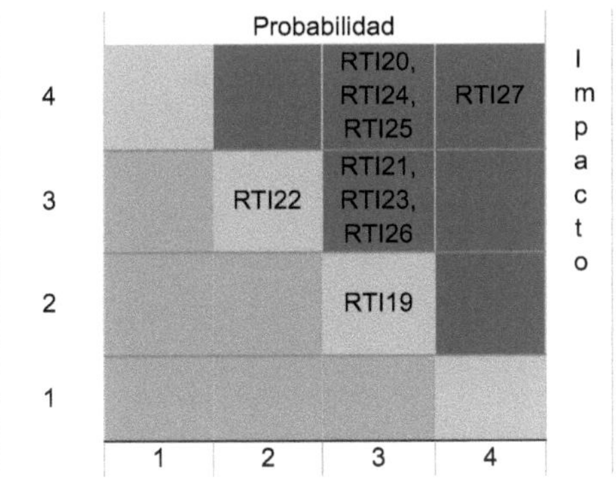

Nota. Con base a los datos obtenidos en las tablas de identificación de riesgos.

Tabla 4.56.

Matriz de gestión de riesgos del proyecto, Plan de capacitación para incentivar la cultura tecnológica.

<table>
<tr><td rowspan="4"></td><td colspan="4" align="center">Probabilidad</td><td rowspan="4">I m p a c t o</td></tr>
<tr><td>4</td><td></td><td></td><td>RTI29, RTI30, RTI32, RTI33</td><td></td></tr>
<tr><td>3</td><td></td><td></td><td>RTI28</td><td></td></tr>
<tr><td>2</td><td></td><td></td><td>RTI31</td><td></td></tr>
<tr><td>1</td><td></td><td></td><td></td><td></td></tr>
<tr><td></td><td>1</td><td>2</td><td>3</td><td>4</td></tr>
</table>

Tabla 4.57.

Matriz de gestión de riesgos del proyecto, Plan de acción para la integridad y seguridad de la información.

<table>
<tr><td rowspan="4"></td><td colspan="4" align="center">Probabilidad</td><td rowspan="4">I m p a c t o</td></tr>
<tr><td>4</td><td></td><td></td><td></td><td>RTI34, RTI38</td></tr>
<tr><td>3</td><td></td><td>RTI35, RTI37, RTI39</td><td>RTI40</td><td></td></tr>
<tr><td>2</td><td></td><td>RTI36</td><td></td><td></td></tr>
<tr><td>1</td><td></td><td></td><td></td><td></td></tr>
<tr><td></td><td>1</td><td>2</td><td>3</td><td>4</td></tr>
</table>

Tabla 4.58.

Matriz de gestión de riesgos del proyecto, Plan de mantenimiento de los recursos

tecnológicos para su óptimo funcionamiento.

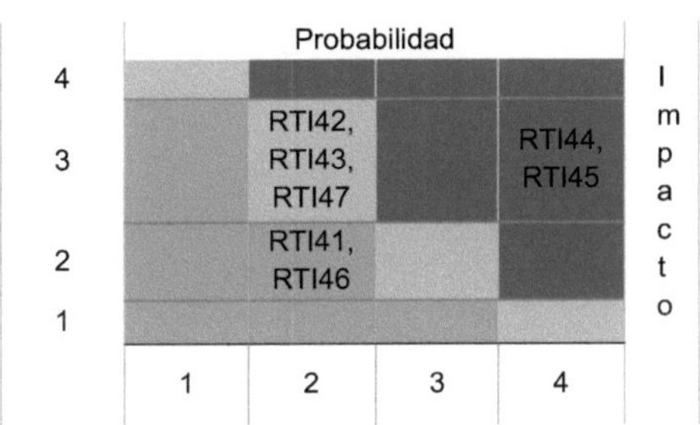

Nota. Con base a los datos obtenidos en las tablas de identificación de riesgos.

Aplicadas las matrices de gestión de riesgo, se procede a analizar, priorizan y en lo posterior establecer las medidas para mitigar y reducir los riesgos de los proyectos de TI propuestos, se llega a la obtención de aquellos riesgos de mayor prioridad y aquellos riegos de menor prioridad que la institución debe hacer frente y mitigarlos o reducirlos:

- **Riesgos de mayor prioridad,** dentro de estos riesgos se describen, RTI1, RTI2, RTI4, RTI5, RTI6, RTI7, RTI8, RTI9, RTI10, RTI11, RTI12, RTI13, RTI14, RTI15, RTI16, RTI17, RTI18, RTI19, RTI20, RTI21, RTI22, RTI23, RTI24, RTI25, RTI26, RTI27, RTI28, RTI29, RTI30, RTI31, RTI32, RTI33, RTI34, RTI35, RTI37, RTI38, RTI39, RTI40, RTI42, RTI43, RTI44, RTI45, RTI47.
- **Riesgos de menor prioridad,** dentro de estos se manifiestan, RTI36, RTI41, RTI46.

Por lo consiguiente, se aclara que los riesgos de prioridad mayor se encuentran en un nivel alto y medio, estos necesitan que se aplique una reducción inmediata para contrarrestarlos o minimizar su acción, del mismo modo los riesgos de prioridad menor no se exceptúan se deben mantener bajo monitoreo constante para evitar que sus acciones comprometan el buen flujo de los procesos en la institución.

C. Plan de reducción

Para la correcta ejecución de proyectos de TI, se establece el plan de riesgos con las medidas de reducción necesarias a considerar para evitar el fracaso de los mismos.

Proyecto: Sistema informático para la gestión de procesos institucionales.

Objetivo: Automatizar los procesos de las comisiones permanentes de la institución.

Tabla 4.59.

Plan de reducción de riesgos, Sistema informático para la gestión de procesos institucionales.

Riesgo	Valoración		Evaluación	Medidas para la reducción de riesgos
	Impacto	Probabilidad	Zona de riesgo	
Falta de recursos tecnológicos	3	2	M	Gestionar la compra de nuevos equipos y dispositivos y servicios tecnológicos.
Deficiente número de recurso humano en el departamento de Tics.	4	3	A	Adjudicar nuevo personal al departamento de TIC para agilizar el proceso de desarrollo de nuevos sistemas y servicios de TIC.
Falta de recurso económico en la institución.	4	4	A	Gestionar los recursos de los proyectos de TIC para asegurar el buen flujo de los procesos de la institución.
Perdida de la información alojada en el servidor.	4	3	A	Realizar respaldos de la información y sistemas alojados en los servidores contratados.
Infiltración de terceros en el sistema.	4	4	A	Monitorear el tráfico de datos, el acceso frecuente a los sistemas, archivos inusuales en los servidores y espacios de almacenamiento de la institución.
Corto tiempo de implementación.	3	2	M	Establecer tiempos acordes a la complejidad de cada proyecto a implementar por el departamento de TIC.
Resistencia al cambio en el uso del software.	3	3	A	Promover el uso de los sistemas y aplicaciones de la institución por medio de capacitaciones.
Incumplimiento de plazos de los entregables.	3	3	A	Facilitar la flexibilidad en los plazos de entregables de proyectos en casos extremos.
Bajo ancho de banda de la conexión de internet.	4	3	A	Gestionar la ampliación del ancho de banda del servicio de internet de la institución para facilitar un mejor acceso a los sistemas y servicios de TIC.

Nota. Con base a los riegos y las matrices de gestión de riesgos aplicadas.

Proyecto: Servicio de help desk digital para brindar asistencia técnica a usuarios.

Objetivo: Atender y registrar todas las peticiones de los usuarios de la comunidad institucional.

Tabla 4.60.

Plan de reducción de riesgos, Servicio de help desk digital para brindar asistencia técnica a usuarios.

Riesgo	Valoración		Evaluación	Medidas para la reducción de riesgos
	Impacto	Probabilidad	Zona de riesgo	
Falta de recursos tecnológicos	3	2	M	Comprar nuevos equipos y dispositivos y servicios tecnológicos.
Deficiente número de recurso humano en el departamento de Tics.	3	4	A	Adjudicar nuevo personal al departamento de TIC para agilizar el proceso de desarrollo de nuevos sistemas y servicios de TIC.
Falta de recurso económico en la institución.	4	4	A	Adquirir recursos de los proyectos de TIC para asegurar el buen flujo de los procesos de la institución.
Perdida de la información alojada en el servidor.	2	3	M	Respaldar la información y sistemas alojados en los servidores contratados.
Infiltración de terceros en el sistema.	2	3	M	Monitorear el acceso frecuente a los sistemas, archivos inusuales en los servidores y espacios de almacenamiento de la institución.
Tiempo corto de implementación	3	2	M	Implantar tiempos según la complejidad de cada proyecto.
Resistencia al cambio en el uso del software.	3	3	A	Promover el uso de los sistemas y aplicaciones de la institución por medio de capacitaciones.
Incumplimiento de plazos de los entregables.	3	3	A	Flexibilizar los plazos para la entrega de proyectos en casos extremos.
Bajo ancho de banda de la conexión de internet	4	3	A	Tratar de incrementar el ancho de banda del servicio de internet de la institución para facilitar un mejor acceso a los sistemas y servicios de TIC.

Nota. Con base a los riegos obtenidos en las matrices aplicadas.

Proyecto: Sistema de gestión de aprendizaje (LMS) Moodle para la creación de espacios de aprendizaje.

Objetivo: Proveer de una plataforma virtual de aprendizaje a los estudiantes y docentes de la institución.

Tabla 4.61.

Plan de reducción de riesgos, Sistema de gestión de aprendizaje (LMS) Moodle para la creación de espacios de aprendizaje.

Riesgo	Valoración		Evaluación	Medidas para la reducción de riesgos
	Impacto	Probabilidad	Zona de riesgo	
Falta de recursos tecnológicos	3	2	M	Gestionar la adquisición de nuevos equipos y dispositivos y servicios tecnológicos.
Falta de recurso económico en la institución.	3	4	A	Autogestionar los costes de los proyectos de TIC de la institución para asegurar el buen flujo de los procesos.
Actualización constante del sistema.	3	3	A	Evitar actualizaciones innecesarias, priorizando las necesidades de los sistemas y aplicaciones.
Débil configuración de las seguridades del sistema.	2	3	M	Administrar la plataforma Moodle según las necesidades existentes en cada carrera de la institución.
Falta de conocimiento de los estudiantes y docentes sobre la operatividad del sistema.	3	3	M	Gestionar capacitaciones periódicas sobre el uso de la plataforma Moodle durante cada inicio de semestre.
Resistencia al cambio en el uso del software.	3	4	M	Promover la utilización de los sistemas y aplicaciones de la institución por medio de capacitaciones.
Bajo ancho de banda de la conexión de internet.	3	4	A	Gestionar el incremento del ancho de banda del servicio de internet de la institución para facilitar un mejor acceso a los sistemas y servicios de TIC.
Baja transferencia de datos.	3	3	A	Gestionar el incremento de la transferencia de datos del servidor para facilitar el acceso de los usuarios a los sistemas en la web.
Poco espacio de almacenamiento de servidor web y de base de datos.	4	4	A	Gestionar el incremento del espacio de almacenamiento ante los proveedores de servicios de hosting.

Nota. Con base a los riegos obtenidos y las matrices de gestión de riesgos aplicadas.

Proyecto: Plan de capacitación para incentivar la cultura tecnológica.

Objetivo: Proveer el uso correcto de los sistemas y aplicaciones de la institución.

Tabla 4.62.

Plan de reducción de riesgos, Plan de capacitación para incentivar la cultura tecnológica.

Riesgo	Valoración		Evaluación	Medidas para la reducción de riesgos
	Impacto	Probabilidad	Zona de riesgo	
Poco compromiso de los empleados de la institución.	3	3	A	Promulgar la participación obligatoria del personal en los procesos de capacitación institucional.
Trabajo fuera de horas laborales.	3	4	A	Establecer la ejecución de las capacitaciones dentro de horas laborales.
Planificación con baja calidad	3	4	A	Elaborar la planificación de los planes de capacitación considerando la necesidad, actividades de cada departamento y proyectos en ejecución.
Instructores poco preparados.	3	3	M	Gestionar capacitaciones externas con entidades de trascendencia nacional o internacional para la actualización de conocimientos de los docentes y administrativos de la institución.
Falta de recursos tecnológicos	3	4	A	Gestionar la adquisición de nuevos equipos y dispositivos y servicios tecnológicos.
Falta de recurso económico en la institución.	3	4	A	Autogestionar los costes de los proyectos de TIC de la institución para asegurar el buen flujo de los procesos.

Nota. Con base a los riegos obtenidos y las matrices de gestión de riesgos aplicadas.

Proyecto: Plan de acción para la integridad y seguridad de la información.

Objetivo: Asegurar la integridad y seguridad de la información por medio del establecimiento de acciones.

Tabla 4.63.

Plan de reducción de riesgos, Plan de acción para la integridad y seguridad de la información.

Riesgo	Valoración		Evaluación	Medidas para la reducción de riesgos
	Impacto	Probabilidad	Zona de riesgo	
Divulgación de información confidencial y claves de acceso. Ataques internos y externos.	4	4	A	Implementar contratos de no divulgación de información de la institución.
	2	3	M	Establecer normas y configuración de seguridad en los sistemas, aplicaciones y espacios de almacenamiento de la institución para evitar ataques informáticos.
Modificación no autorizada de la información.	2	2	B	Establecer restricciones de acceso a espacios de almacenamiento, a departamentos y personal externo.
Modificación no autorizada de la configuración de los sistemas	2	3	M	Estipular normas de acceso completo solo a los administradores asignados para realizar configuraciones en los sistemas bajo la supervisión del responsable del departamento de TIC.
Volatilidad de los espacios de almacenamiento	4	4	A	Ejecutar backup periódico de la información, sistemas y espacios de almacenamiento en la nube de la institución.
Vulnerabilidades en los sistemas de información y bases de datos.	2	3	M	Administrar las configuraciones de seguridad en sistemas y almacenes de datos de la institución para evitar infiltraciones y perdida de información.
Perdidas de equipos y dispositivos informáticos.	3	3	A	Establecer normas de seguridad en espacios de almacenaje, laboratorios y oficinas donde existan equipos y/o dispositivos informáticos en la institución.

Nota. Con base a los riegos obtenidos y las matrices de gestión de riesgos aplicadas.

Proyecto: Plan de mantenimiento de los recursos tecnológicos para su óptimo funcionamiento.

Objetivo: Mantener operativo los equipos, dispositivos y sistemas informáticos para el buen desempeño y cumplimiento de los procesos institucionales.

Tabla 4.64.

Plan de reducción de riesgos, Plan de mantenimiento de los recursos tecnológicos para su óptimo funcionamiento.

Riesgo	Valoración		Evaluación	Medidas para la reducción de riesgos
	Impacto	Probabilidad	Zona de riesgo	
Falta de herramientas tecnológicas para la ejecución del plan.	2	2	B	Autogestionar la adquisición de herramientas tecnológicas con la finalidad de la buena ejecución del plan de mantenimiento.
Poco recurso humano capacitado y disponible.	2	3	M	Incorporar al departamento de Tics, personal especialista en el mantenimiento de recursos informáticos.
Problemas del servicio eléctrico.	2	3	M	Autogestionar la adquisición de reguladores de voltaje y plantas eléctricas portables para evitar las averías de los equipos informáticos.
Falta de recursos económicos para la adquisición de nuevos equipos.	4	3	A	Autogestionar la adquisición de nuevos equipos informáticos para remplazar los que cumplieron su vida útil.
Mala ejecución del plan.	4	3	A	Ejecutar las actividades del plan de mantenimiento según la necesidad de prioridad en la institución.
Incumplimiento de tiempos especificados en el plan.	2	2	B	Establecer flexibilidad en el cumplimiento de tiempos de ejecución del plan de mantenimiento en caso de incidentes.
Perdida de equipos y dispositivos informáticos.	2	3	M	Establecer normas de seguridad en espacios de almacenaje, laboratorios y oficinas donde existan equipos y/o dispositivos informáticos en la institución.

Nota. Con base a los riegos obtenidos y las matrices de gestión de riesgos aplicadas.

La unidad de tecnologías de información, es el área encargada de asegurar y mantener la operatividad de los sistemas de información, los servicios de tecnología y brindar soporte a los usuarios que conforman la comunidad institucional, así como a los departamentos existentes en la institución. Por otro lado, brinda la seguridad e integridad de la información de sus bancos de datos.

En este sentido, se estipulan las políticas necesarias que ayudarán a la perfecta ejecución de las actividades y procesos de la institución, normando los lineamientos a cargo de la unidad de tecnología, facilitando la transparencia de la administración de la tecnología y la comunicación interna entre departamentos. Para el establecimiento de las políticas de tecnologías se consideran los siguientes puntos:

- Infraestructura hardware
- Infraestructura software
- Resguardo y adquisición de recursos informáticos
- Sistemas y aplicaciones
- Soporte
- Asignación de credenciales
- Seguridad de la información
- Plan de contingencia

Para una mejor especificación de las políticas de tecnología de la información se dividirán en dos grupos, las políticas para la:

- Unidad de tecnología de la información.
- Usuarios (Comunidad institucional).

a. Infraestructura hardware

Unidad de Tics:

De las políticas exclusivas de la unidad de Tics en materia de la infraestructura hardware de la institución, se detallan las siguientes:

- Mantener actualizado el inventario tecnológico hardware de la institución.
- Analizar los requerimientos de dispositivos, partes o piezas, de equipos informáticos que beneficien a la operativa de los equipos.
- Gestionar la adquisición de nuevos servicios informáticos, como almacenamiento en la nube, hosting, servidores de bases de datos, dominios, y etc.
- Mantener operativo todo el parque de hardware en la institución.

- Capacitar a toda la comunidad institucional en el correcto uso de dispositivos y equipos informáticos en existencia.
- Actualizar el manual de uso de equipos y dispositivos informáticos de la Institución.

Usuario:

De las políticas para los usuarios que apuntan al uso de equipos y dispositivos de la institución, estas son:

- Los equipos designados y autorizados para el cumplimiento de actividades solo podrán ser utilizados en horas laborales.
- El usuario no podrá solicitar soporte de equipos personales como laptops a la unidad de Tics.
- Solicitar un equipo informático de remplazo en caso de averías del equipo asignado por la unidad de Tics.
- En caso de que el usuario desee utilizar un dispositivo o equipo informático propio en la institución, este deberá de solicitar la autorización pertinente a la unidad de TIC, quien recibirá, validara y aprobara su solicitud.

b. *Infraestructura software*

Unidad de Tics:

Dentro de las políticas exclusivas de la unidad de Tics en materia de la infraestructura software de la institución, se detallan las siguientes:

- Asegurar y mantener actualizado el inventario tecnológico software de la institución.
- Mantener actualizado los sistemas informáticos gratuitos o de pago de la Institución.
- Controlar el sistema de gestión automatizado, plataformas de aprendizaje, espacios de almacenamiento en la nube, hosting, web mails y cualquier otro tipo de sistema implementado en la institución para su correcto funcionamiento.
- Establecer restricciones de acceso fuera de horas laborales a los sistemas implementados en la Institución.
- Se establecerá en caso de ser necesario el acceso fuera de horario laboral a los sistemas de información o espacios en la nube solo a personal previamente autorizado por la unidad de TIC.

Usuario:

De las políticas específicas para los usuarios que apuntan al uso de sistemas y espacios virtuales de la institución, estas son:

- Se prohíbe la instalación no autorizada de sistemas informáticos en ordenadores o servidores de la institución.
- Se prohíbe descargar archivos innecesarios que se contrapongan con las actividades designadas al personal docente y administrativo de la institución, estos pueden ser, videos, ejecutables de dudosa procedencia, punto exe o msi, librerías o cualquier software o archivo que pueda contener virus informáticos en su interior.
- Se prohíbe desactivar o remover cualquier sistema de información o antivirus de los equipos informáticos designados por la unidad de Tics de la Institución.
- En caso de errores en los sistemas de información o espacios en la nube, comunicar a la unidad de Tics los incidentes.

c. *Resguardo y adquisición de recursos informáticos*

Unidad de TIC:

Dentro de las políticas exclusivas de la unidad de TIC en materia del resguardo y adquisición de activos informáticos de la Institución, se detallan las siguientes:

- Asegurar todos los recursos tecnológicos de la institución.
- Realizar la asignación de equipos informáticos según la necesidad de cada unidad permanente de la institución.
- Verificar y elaborar el inventario de asignación de equipos informáticos.
- Ejecutar el control de permanencia exclusiva de los equipos informáticos dentro de los predios y jurisdicción de la institución.

Usuario:

De las políticas específicas de los usuarios para el normal resguardo y adquisición de activos informáticos de la institución, estas son:

- Será responsabilidad de los usuarios, custodiar y si el caso lo amerita de responder ante la pérdida del equipo informático asignado a su persona.
- El usuario realizará la notificación directa a la unidad de TIC sobre los incidentes producidos en los equipos informáticos designados y solicitar una reposición temporal o definitiva para continuar con sus actividades y procesos.

d. Sistemas y aplicaciones

Unidad de Tics:

Dentro de las políticas exclusivas de la unidad de Tics en materia Sistemas y aplicaciones informáticas para la institución, se detallan las siguientes:

- Gestionar la adquisición o desarrollo de sistemas o aplicaciones a la medida de las necesidades de la institución.
- En caso de la adquisición de sistemas informáticos, la unidad de Tics deberá de gestionar la capacitación de uso e implementación al proveedor del sistema.
- Gestionar los servicios, adquiridos o desarrollo de sistema y/o aplicaciones informáticas.

Usuarios:

De las políticas específicas de los usuarios para el uso de sistemas y aplicaciones de la institución, estas son:

- Utilizar los sistemas informáticos implementados correctamente en la institución.

e. Soporte

Unidad de Tics:

Dentro de las políticas exclusivas de la unidad de Tics en materia de soporte informático a equipos y recursos de la Institución, se detallan las siguientes:

- El responsable del Help Desk de la institución atenderá todas las solicitudes de soporte enviadas por la comunidad institucional vía correo institucional y/o al sistema de servicio de help desk de la institución.
- Atender las solicitudes y ejecutarlas de forma inmediata de acuerdo a la complejidad de estas.
- Aplicar encuestas de satisfacción a los usuarios, luego de solucionar los incidentes informáticos.
- En caso de requerir materiales y/o dispositivos informáticos, los solicitará al responsable de la unidad de TIC, quién gestionará ante la unidad administrativa financiera el respectivo requerimiento.
- Velará porque se aplique el respectivo soporte a equipos informáticos y recursos perteneciente a la Institución.

Usuarios:

De las políticas específicas de los usuarios para acceder a soporte informático de sus equipos y recursos asignados por la unidad de Tics, estas son:

- Solicitará la actualización o soporte técnico de equipos o sistemas vía correo institucional y/o al sistema de servicio de help desk de la institución por incidentes o anomalías tecnológicas.
- En caso de que el técnico de soporte no responda a su solicitud, contactara vía electrónica al responsable de la unidad Tics de la institución, con copia a su jefe inmediato superior.

f. Asignación de credenciales

Unidad de Tics:

Dentro de las políticas exclusivas de la unidad de TIC en materia de Asignación de credenciales a la comunidad institucional, se detallan las siguientes:

- El responsable de Tics, será el único encargado de asignar usuarios y claves de acceso a sistemas, plataformas, espacios de almacenamiento de la Institución.
- El encargado de Tics, deberá de configurar el restablecimiento de claves de acceso automático en los sistemas de información.
- Notificará a talento humano de la Institución de la creación de credenciales de acceso a los sistemas de los nuevos empleados contratados.
- En el caso de crear credencial de acceso a la plataforma Moodle para capacitaciones a usuarios externos, estas deberán estar activas solo durante la ejecución del curso.
- Se dará de baja al personal que haya culminado su relación de dependencia con la Institución.
- Se suspenderá el acceso a los sistemas al personal que infrinja las normas de seguridad y confidencialidad de información de la Institución.

Usuarios:

De las políticas específicas de los usuarios para la asignación de credenciales, estas son:

- El personal existente en la institución, en caso de no contar con credenciales de acceso a los sistemas de información y plataformas para el cumplimiento de actividades y procesos asignados, solicitará, mediante oficio al departamento de Tics, la creación del usuario y clave correspondiente previa autorización de su jefe inmediato.

g. Seguridad de la información

Unidad de Tics:

De las políticas de la unidad de TIC en materia de seguridad de la información institucional como medidas de prevención, se detallan las siguientes:

- Se deberá de evaluar y analizar periódicamente los riesgos de las tecnologías implementas en la Institución.
- Establecer inducciones relativas a la seguridad de la información dirigida a todo el personal docente y administrativo de la Institución como medio de reducción de riesgos de incidentes tecnológicos.
- Ejecutar Backups periódicamente de los sistemas, bancos de datos y repositorios en la nube, en discos externos o cualquier medio disponible provisto por la Institución.
- Monitorear la manipulación ilegal de equipos y sistemas informáticos en la Institución.
- Validar la información de los repositorios en la nube para identificar archivos maliciosos o de extraña procedencia.
- Configurar la actualización periódica de las claves de acceso de los usuarios en todos los sistemas implementados en la Institución.

Usuarios:

De las políticas específicas de los usuarios para la asignación de credenciales, estas son:

- El correo institucional solo deberá de ser utilizado para enviar y recibir información relativa a las actividades y procesos designados en la Institución.
- Evitar agregar el correo institucional a sistemas externos o entidades ajenas a la Institución.
- El usuario deberá de considerar cerrar las sesiones abiertas en equipos dentro o fuera de la Institución.
- Evitar el recordatorio de claves de acceso a los sistemas en los navegadores web.
- No divulgar credenciales de acceso de los sistemas informáticos a terceros o personas externas de la Institución.

h. Plan de contingencia

Unidad de TIC:

Dentro de las políticas exclusivas de la unidad de Tics en materia de aplicación del plan de contingencia en caso de incidentes tecnológicos en la Institución, se detallan las siguientes:

- El responsable de Tics, en conjunto con su equipo de trabajo, deberán de elaborar el plan de contingencia que les permita responder ante incidentes tecnológicos para mitigar los riesgos de perdida de información.
- Ejecutar periódicamente simulacros para medir la efectividad del plan de contingencia elaborado por la unidad de Tics.
- Actualizar periódicamente el plan de contingencia.

Usuarios:

De las políticas específicas de los usuarios para la asignación de credenciales, estas son:

- Participar en los simulacros de aplicación de plan de contingencia.
- Aplicar cada una de las normas estipuladas en el plan de contingencia.
- Apoyar a la unidad de TIC en la protección de equipos y dispositivos tecnológicos en caso de incidentes que afecten su operatividad.

5. RESULTADOS, CONCLUSIONES Y RECOMENDACIONES

4.3. Introducción

En este apartado de la investigación se exponen los resultados obtenidos de todo el proceso investigativo y la discusión completa de los mismos, por otro lado, se obtienen las conclusiones finales del trabajo realizado y las recomendaciones exigidas a ser tomadas en cuenta para futuros proyectos de la misma naturaleza investigativa.

4.4. Resultados

5.2.1. Presentación de los resultados

En este punto se muestran los resultados obtenidos con la aplicación de instrumentos de recolección de datos como las entrevistas aplicadas a los responsables de cada departamento existente en el Instituto de Educación Superior Tecnológico Babahoyo, revisión de documentos con la finalidad de conocer y solucionar el problema investigado. A continuación, se exponen los resultados por pregunta aplicada en la entrevista:

Pregunta uno: ¿Cuántos años tiene laborando en el ISTB?

Resultados: Años de experiencia, según las respuestas obtenidas en la entrevista, se expone que los responsables de cada comisión se dividen en dos grupos, aquellos que tienen más de siete (7) años, que suman alrededor de catorce (14) trabajadores y los que tienen una permanencia de entre dos (2) a cuatro (4) años con un total de diez (10) empleados, laborando actualmente en la institución en actividades varias como docente y realizando actividades administrativas en comisiones permanentes.

Pregunta dos: ¿Qué cargo o cargos cumple usted en la institución?

Resultados: Cargos, la pregunta dos de la entrevista está direccionada a verificar los cargos existentes en la institución seleccionada para el estudio, se corrobora además los datos con el estatuto de la institución con una cantidad de veinticuatro (24) cargos y departamentos permanentes que facilitan el cumplimiento de los objetivos de la institución. A continuación, se muestra una tabla descriptiva con los nombres de los departamentos y cargos que se adjudican a los coordinadores departamentales:

Tabla 5.1.

Cargos y departamentos identificados en la entrevista.

N°	Departamento	Cargo
1	Unidad de TIC	Coordinador
2	Unidad de investigación, Desarrollo Tecnológico e Innovación	Coordinador
3	Vicerrectorado Académico	Rector
4	Unidad de relaciones internacionales e institucionales.	Coordinador
5	Rectorado	Vicerrector
6	Coordinación de la carrera Tecnología Superior en Desarrollo de Software	Coordinador
7	Unidad de Procuraduría General	Coordinador
8	Coordinador de la carrera Técnico superior en producción agrícola	Coordinador
9	Coordinador de la carrera Tecnología Superior en Contabilidad	Coordinador
10	Unidad de Vinculación con la Sociedad	Coordinador
11	Coordinación de la carrera Tecnología Superior en Administración	Coordinador
12	Coordinación de la carrera diseño gráfico equivalente a tecnología superior	Coordinador
11	Coordinación de la carrera técnico superior en obras civiles	Coordinador
12	Coordinación de la carrera diseño de modas con nivel equivalente a tecnología superior.	Coordinador
13	Coordinación de la carrera tecnología superior en planificación y gestión del transporte terrestre.	Coordinador
14	Coordinador de la carrera diseño de modas con nivel equivalente a tecnología superior.	Coordinador
15	Coordinación de la carrera tecnología superior en planificación y gestión del transporte terrestre	Coordinador
16	Coordinación del Centro de Idiomas	Coordinador
17	Coordinación del centro de formación integral y servicios especializados.	Coordinador
18	Secretaria general	Coordinador
19	Unidad de Bienestar Institucional	Coordinador
20	Unidad Administrativa Financiera	Coordinador
21	Unidad estratégica	Coordinador
22	Unidad de aseguramiento de la calidad	Coordinador
23	Unidad de servicios de biblioteca	Coordinador
24	Unidad de comunicación	Coordinador

Nota. Con base a las respuestas plasmadas en la pregunta dos de las entrevistas aplicadas.

Pregunta tres: ¿Cuál es el(los) objetivo(s) del departamento al que ha sido asignado en la Institución?, Explique.

Resultados: Objetivos departamentales, en este sentido se exponen los resultados de la presente pregunta que recoge los objetivos desde la perspectiva de los coordinadores a cargo de los departamentos permanentes. A continuación, el detalle:

- **Unidad de TIC:** *"Soporte y sistematización de procesos y administración de los sistemas académicos y ambientes virtuales que posee la institución".*

- **Unidad de investigación, Desarrollo Tecnológico e Innovación:** *"Generar investigación desde la comunidad educativa, en la cual se pretende motivar a todos los implicados en la elaboración de papers, libros o capítulos de libros.".*

- **Vicerrectorado Académico:** *"Administrar la gestión de las funciones sustantivas de la educación superior".*

- **Rectorado:** *"Fortalecer los procesos"* de la institución.

- **Coordinación de la carrera Tecnología Superior en Desarrollo de Software:** *"Docencia: impartir clases a diferentes semestres o niveles".*

- **Unidad de Procuraduría General:** *"Patrocinio y defensa y asesoramiento legal"* a favor de la institución.

- **Coordinador de la carrera Técnico Superior en Producción Agrícola:** *"Encaminar todos los procesos de la carrera".*

- **Coordinador de la carrera Tecnología Superior en Contabilidad:** *"Cumplir con la planificación anual establecida para el desempeño correcto de la carrera".*

- **Unidad de Vinculación con la Sociedad,** *"Gestionar y organizar los procesos de vinculación con la sociedad".*

- **Coordinación de la carrera Tecnología Superior en Administración,** *"Administrar la coordinación de la carrera de Tecnología Superior en Administración, supervisar la acción de la plantilla docente asignada a la carrera, monitorear el desempeño de los estudiantes y demás actividades que sean asignadas por vicerrectorado académico".*

- **Coordinación de la carrera diseño gráfico equivalente a tecnología superior,** *"Brindar asesoría a los estudiantes y docentes de la carrera y velar por la inclusión de las funciones sustantivas".*

- **Coordinación de la carrera técnico superior en obras civiles,** *"Propiciar la inclusión de las funciones sustantivas con ayuda de los docentes y estudiantes de la institución".*

- **Coordinación de la carrera diseño de modas con nivel equivalente a tecnología superior,** *"Asegurar la inclusión de las funciones sustantivas".*

- **Coordinación de la carrera tecnología superior en planificación y gestión del transporte terrestre,** *"Gestión todos los procesos en materia de la academia en las carreras, articulando las funciones sustantivas".*

- **Centro de Idiomas,** *"Certificar a los estudiantes de la institución en el idioma ingles en diferentes niveles bajo instructores calificados".*

- **Centro de formación integral y servicios especializados,** *"Brindar capacitaciones para la actualización de conocimientos a la comunicad institucional".*

- **Secretaria general,** *"Custodiar los documentos del instituto, Emitir documentación, certificados y asesorar en proceso de matrícula, gestionar graduación de los estudiantes".*

- **Unidad de Bienestar Institucional,** *"Entre los objetivos del área están: delinear, iniciar, crear, y divulgar las políticas de bienestar que ayuden a formar y desarrollar integralmente a los estudiantes y profesores, iniciando un contexto de respeto a los reglamentos y estatutos".*
- **Unidad estratégica,** *"Realizar la planificación y seguimiento de la estratégica institucional".*
- **Unidad de aseguramiento de la calidad,** *"Evaluar a todas las instancias del instituto de conformidad al modelo de evaluación interna y a la planificación estratégica y velar por la ejecución de los procesos de fortalecimiento y aseguramiento de la calidad".*
- **Unidad de servicios de biblioteca,** *"Custodiar el acervo bibliográfico perteneciente a la institución".*

Pregunta cuatro: ¿Cómo le ha parecido el flujo de los procesos en el departamento al que ha sido asignado?, Explique

Resultados: De las respuestas obtenidas se considera que, muchos de los entrevistados afirman que el flujo de procesos en sus departamentos les parece bien, que no ha existido contrariedad alguna y que a pesar de que existen asignaciones de otras actividades que no tienen que ver con el departamento, estas restan tiempo a actividades que necesitan tener más atención para ser cumplidas. Otro gran número de entrevistados aducen que los procesos son buenos y que el usuario debe de respetar los flujos de cada proceso vigente.

De otro modo, hay quienes consideran que los procesos son confusos, ya que cada año, la entidad competente implementa nuevos procesos. Un minúsculo número de entrevistados revelan que los procesos son lentos en el departamento en el que han sido asignados y que, durante el desarrollo de las actividades, se puede evidenciar que no existe un flujo correcto, dando como resultado la duplicidad de ciertas actividades en relación con la generación de evidencia en cada uno de los procesos.

Otros entrevistados aducen que, en las comisiones a su cargo no se encontró nada claro, no estaban definidos los procesos, por lo cual se tuvo que organizar y estandarizar los procesos mediante la aplicación de un manual de proceso individual por comisión.

Pregunta cinco: ¿Qué actividades realiza en el departamento al que ha sido asignado?

Resultados: De los resultados obtenidos en esta pregunta se separa por comisiones permanentes, ya que las actividades difieren de comisión a comisión, el detalle a continuación:

- **Unidad de TIC:** *"Soporte técnico latente a correo electrónico, aula virtual, sistema académico, implementación de redes, puntos de acceso wifi en las instalaciones y mantenimiento a las computadoras de laboratorios de la institución, etc.".*

- **Coordinador de investigación, Desarrollo Tecnológico e Innovación:** *"Planificar actividades anuales de la comisión enmarcadas al requerimiento institucional, Gestión administrativa de recibir y responder oficios emitidos a la comisión de cada uno de las actividades que está a cargo la comisión, como lo son PIS, PI, Revista, Programas, etc., Coordinar, supervisar las actividades realizadas por los integrantes de la comisión".*

- **Vicerrectorado Académico:** *"Administrar los ejes Docencia, Vinculación e Investigación".*

- **Coordinación de relaciones internacionales:** *"Soporte para la elaboración de proyectos".*

- **Rectorado:** Organización, planificación, control y representación.

- **Coordinación de la carrera, Tecnología Superior en Desarrollo de Software:** *"Docencia, investigación y vinculación".*

- **Unidad de Procuraduría General:** *"Revisión de informes, elaboración de convenios, revisión de normativa legal, asesoramiento jurídico, defensa de derechos del ISTB".*

- **Coordinador de la carrera, Técnico Superior en Producción Agrícola:** *"Elaboración de distributivo, horarios, ejecución de actividades correspondiente a la docencia".*

- **Coordinación de la carrera, Tecnología Superior en Contabilidad:** *"Revisión de PEA, elaboración de calendario de la carrera por periodo, los cuales están en función del POA, elaboración de distributivos, horarios de clases y de evaluaciones, gestión, elaboración y/o seguimiento a proyectos de vinculación, gestión para la elaboración de proyectos de investigación, evaluación del personal docente de la carrera, participación en procesos de titulación, rediseños de carrera., etc.".*

- **Coordinación de Vinculación con la Sociedad,** *Gestionar los procesos de vinculación.*

- **Coordinación de la carrera, Tecnología Superior en Administración,** *Seguimiento al desempeño de alumnos y docentes, Planificación general de la carrera, monitoreo del cumplimiento de actividades del POA de la carrera, Socialización de procesos de la carrera, gestión de charlas del área profesional.*

- **Coordinación de la carrera, diseño gráfico equivalente a tecnología superior,** *"Asesorar a los estudiantes en su proceso de enseñanza-aprendizaje, realizo también seguimiento al desempeño docente en sus clases, elaboro informes de desertores y bajo rendimiento de los alumnos, envió comunicados u oficios a los docentes y estudiantes que son enviados por Senescyt o por vicerrectorado académico, entre otras actividades".*

- **Coordinación de la carrera técnico superior en obras civiles,** *"Seguimiento al desempeño docente en sus clases, informes de desertores y bajo rendimiento de los alumnos, envió de comunicados u oficios a los docentes y estudiantes que son enviados por Senescyt o por vicerrectorado académico, elaboración de horarios de clases y exámenes, y otras actividades que son designadas fuera de la coordinación de carrera".*

- **Coordinación de la carrera, diseño de modas con nivel equivalencia a tecnología superior,** *"Realizar el seguimiento tanto a docentes como estudiantes, verificar que no haya conflictos entre el personal de la carrera, solucionar incidentes de malos comportamientos y mediar la situación, elaborar informes semanales de las actividades realizadas, enviar designaciones al equipo de trabajo que apoya a la coordinación y otras actividades que son designadas por vicerrectorado o rectorado".*

- **Coordinación de la carrera, tecnología superior en planificación y gestión del transporte terrestre**, *"Gestionar que se cumplan las actividades de la coordinación, envió comunicados recibidos desde Senescyt, vicerrectorado o incluso de rectorado, seguimiento de que se entregue las planificaciones efectuadas por los docentes de cada materia designada, socializar el micro currículo, y malla académica de la carrera".*

- **Coordinación del Centro de Idiomas,** *"Planificación semestral, socialización de documentos, gestión de nuevos textos, el seguimiento académico a estudiantes y docentes y otras que son designadas por las autoridades".*

- **Coordinación del centro de formación integral y servicios especializados,** *"Elaboración de planes de capacitación docente, Seguimiento a los planes de capacitación, Elaboración de informes, Actualización de planes".*

- **Secretaria general,** *"Asistencia en matriculación, Realización de Actas, oficios y demás documentos y matrices que tengan relación al área de secretaría".*

- **Coordinación de Bienestar Institucional,** *"Elaborar planes de desarrollo de bienestar, Delinear políticas encaminadas a elevar el bienestar de la comunidad académica, Emplear elementos de seguimiento y evaluación de los procesos de Bienestar, Presentar informes de gestión ante OCS".*

- **Unidad estratégica,** *"Realizar el POA y PEDI de la institución, Dar acompañamiento a las coordinaciones de carrera y comisiones permanentes de la institución para el cumplimiento de las actividades del POA, Realizar seguimiento del cumplimiento del POA y PEDI institucional".*

- **Unidad de aseguramiento de la calidad,** *"Asesoramiento directo al Organo Colegiado y autoridades en los procesos sustantivos y adjetivos de valuación interna, Implementar una cultura de evaluación institucional para la mejora continua, Elaborar el modelo de autoevaluación institucional, Evaluar a todas las instancias institucionales de acuerdo al modelo de evaluación".*

- **Unidad de servicios de biblioteca,** *"Mantener, actualizado el inventario de libros, gestionar la adquisición de nuevos libros, realizar préstamo de libros a docentes y estudiantes de la institución, emitir informes de actividades realizadas".*

Pregunta seis: ¿Qué necesidades o falencias operativas tiene el departamento al que ha sido asignado actualmente?

Resultados: De los resultados obtenidos en esta pregunta indican los coordinadores de cada comisión, lo siguiente, cabe recalcar que se expondrá cada criterio por coordinación:

- **Unidad de TIC:** *"Poco personal".*

- **Unidad de investigación, Desarrollo Tecnológico e Innovación:** *"El personal asignado no tiene la preparación requerida para asumir retos investigativos, debido a que su perfil profesional no está acorde a la comisión".*

- **Vicerrectorado Académico:** *"La necesidad de un manual de procesos".*

- **Unidad de relaciones internacionales e institucionales:** *"No hay herramientas tecnológicas para el trabajo que requiere la comisión".*

- **Rectorado:** *"Falta de personal".*

- **Coordinación de la carrera Tecnología Superior en Desarrollo de Software:** *"Mucha carga horaria a los docentes".*

- **Unidad de Procuraduría General:** *"Demora de elaboración de convenios por retrasos de aprobación de informes de Senescyt".*

- **Coordinador de la carrera Técnico superior en producción agrícola:** *"Considero que falta de contratar docentes".*

- **Coordinador de la carrera Tecnología Superior en Contabilidad:** *"Todas, ya que la saturación de actividades a los docentes de la carrera obstaculiza el desarrollo de las actividades de la carrera".*

- **Unidad de Vinculación con la Sociedad,** *"Falta de personal".*

- **Coordinación de la carrera Tecnología Superior en Administración,** *"Sería bueno automatizar todos los procesos de la carrera, así se tendría información oportuna".*

- **Coordinación de la carrera Diseño Gráfico equivalente a Tecnología Superior,** *"Falta de aplicativos para almacenar la información y evidencias de las actividades realizadas en la coordinación, falta también más personas que ayuden en la coordinación, ya que son muchos los procesos que hay que realizar, también falta que se brinde más capacitaciones relacionadas con el manejo de repositorios en la nube algunos de los docentes aducen que no saben manipularlos correctamente".*

- **Coordinación de la carrera Técnico Superior en Obras Civiles,** *"Bueno una de las necesidades que se da en la coordinación a mi cargo es la falta de insumos de oficina, la falta de recurso económico para adquirir materiales y herramientas para que los docentes puedan hacer prácticas de campo, poco personal para cumplir con las actividades que son designadas, otra de las necesidades en la oficina sería la falta de sistemas a la medida que nos ayuden a registrar la información de las evidencias que recabamos y poder consultarlas en cualquier momento de forma digital para no llenarnos de papeles".*

- **Coordinación de la carrera diseño de modas con nivel equivalente a tecnología superior,** *"Poco personal de apoyo en la coordinación, falta de sistemas que faciliten los procesos, poco espacio en la nube para cargar las evidencia".*

- **Coordinación de la carrera Tecnología Superior en Planificación y Gestión del Transporte Terrestre,** *"Poco personal para cumplir con los procesos, necesidad pues sistemas que automaticen los procesos".*

- **Coordinación del Centro de Idiomas,** *"Falta de insumos de oficina, falta de impresoras, la inexistencia de una sala de audiovisuales, falta de proyectos, internet deficiente, poco espacio en el drive".*

- **Coordinación del centro de Formación Integral y Servicios Especializados,** *"Por el momento, solo falta de personal externo para impartir los cursos relacionados con investigación científica y desarrollo de papers".*

- **Secretaria general,** *"Desconexión entre la parte virtual con la documentación en físico".*

- **Coordinación de Bienestar Institucional,** *"Entre las necesidades del departamento de Bienestar Institucional, se podría referir la parte de personal técnico o especializado, por ejemplo, psicólogos, visitadores sociales, etc. que aporten con su conocimiento a los procesos desarrollados".*

- **Unidad Estratégica,** *"La necesidad de automatización de los procesos de seguimiento del cumplimiento del POA y PEDI".*

- **Unidad de Aseguramiento de la Calidad,** *"Al momento se presentan falta de personal en esta unidad, para dar cumplimiento a todas las actividades que aquí se desarrollan".*

- **Unidad de Servicios de Biblioteca,** Falta de un *"sistema de administración de biblioteca y un espacio virtual para guardar todos los libros de forma virtual y que los docentes y estudiantes puedan acceder desde cualquier parte a estos libros".*

Pregunta siete: ¿Por qué cree usted que se han venido dando estas necesidades o falencias operativas en el departamento al que ha sido asignado?, Explique:

Resultados: De los resultados obtenidos en esta pregunta se consideran aquellas razones por las que se suscitan las necesidades marcadas en la pregunta seis:

- **Unidad de TIC:** *"Por la falta de tiempo y asignación de otras actividades por parte de los directivos y/o coordinadores de carreras".*

- **Unidad de investigación, Desarrollo Tecnológico e Innovación:** *"Falta de personal, sobrecarga de horas en actividades.".*

- **Vicerrectorado Académico:** *"La no existencia de un manual de proceso incide en que el personal de apoyo realice las tareas de forma inadecuada a su criterio o libre albedrío, lo cual no es recomendable".*

- **Unidad de Procuraduría General:** *"Falta de celeridad en procesos de aprobación de Senescyt".*

- **Coordinador de la carrera Técnico superior en producción agrícola:** *"Por asunto de pandemia, limitaciones en contrataciones".*

- **Coordinador de la carrera Tecnología Superior en Contabilidad:** *"Falta de organización y recarga de actividades del personal".*

- **Unidad de Vinculación con la Sociedad,** *"Muy pocos docentes que puedan orientar en la construcción de un proyecto de vinculación".*

- **Coordinación de la carrera, diseño gráfico equivalente a tecnología superior,** Por la, *"no auto capacitación, o no cuentan con el dinero necesario para pagar cursos de actualización, por otra parte, la adquisición de sistemas es costosa pero* *como existe un departamento de TIC ellos podrían crear una aplicación para automatizar los procesos de las coordinaciones".*

- **Secretaria general,** *"Por no prever y tener almacenamiento digital previo".*
- **Unidad estratégica,** *"Por la falta de herramientas tecnológicas y/o software que faciliten los procesos de seguimiento y control".*
- **Unidad de aseguramiento de la calidad,** *"Se complica cumplir con todas las actividades debido a que el personal de esta unidad también realiza actividades de docencia".*
- **Rectorado, Coordinación de la carrera Tecnología Superior en Desarrollo de Software, la carrera en Administración, la carrera técnico superior en obras civiles, diseño de modas con nivel equivalente a tecnología superior, la carrera tecnología superior en planificación y gestión del transporte terrestre, el Centro de Idiomas, el Centro de formación integral y servicios especializados, la unidad de Bienestar Institucional, la unidad de servicios de biblioteca:** Coinciden en que se debe a la *"Falta de asignación presupuestaria de Senescyt"* y a la *"falta de contratación docente".*

Pregunta Ocho: 8. ¿Qué nueva jerarquía interna recomendaría para su departamento y que funciones adjudicaría con el fin de llegar a un cambio digital efectiva?:

Resultados: De los resultados obtenidos en esta pregunta se consideran las más esenciales, ya que existe argumentos repetidos de algunos coordinadores que llegan a la misma conclusión. A continuación, la exposición de los argumentos.

- De los entrevistados, veintiuno de ellos indican que, no necesitan una nueva jerarquía que, en su defecto, solo necesitan, *"más personal de apoyo para cumplir con las actividades a tiempo".*
- Por otro lado, indican también que necesitan a *"Una persona que se encargue de recopilar y subir toda la información digital con sus respectivas firmas y fotos de evidencias de realización de actividades".*
- Y, por último, se necesita agregar un *"responsable de proyectos integradores de saberes ya que es el proceso donde se fusionan las funciones sustantivas de la IES, quien gestionará de forma digitalizada, controlará y realizará el seguimiento permanente de los mismos".*

Con base a los anteriores criterios se llega a la conclusión que no necesitan actualizar su jerarquía interna. Por otro lado, es evidente que necesitan más personal de apoyo para el cumplimiento de todas las actividades designadas por los jefes inmediatos de la Institución.

Pregunta Nueve: 9. Según su criterio profesional, ¿Cuáles serían los factores clave para propiciar un cambio digital positivo en la institución?

Resultados: De los resultados obtenidos en esta pregunta, se obtienen algunos factores claves identificados, propuesto por los entrevistados. A continuación, se realiza el detalle de los mismos:

- Económico
- Tecnológico
- Cultura organizacional
- Entidades reguladoras
- Comunicación organizacional

Pregunta Diez: 10.   ¿Qué sistemas, aplicaciones o plataformas recomendaría usted para mejorar el cambio digital de su departamento?

Resultados: De los resultados obtenidos se consideran los siguientes sistemas y aplicaciones propuestas por los coordinadores de comisiones permanentes entrevistados:

- Creación de un sistema integral.
- Sistema informático de gestión documental.
- Sistema de Control de proyectos integradores de saberes.
- Plataforma Moodle para la unidad de Idiomas.
- Sistema de control para capacitaciones y certificaciones por competencias.
- Sistema de seguimiento y control estratégico.
- Mayor espacio de almacenamiento en la nube.

De lo anterior expuesto, se llega a la firme decisión que se necesita desarrollar o implementar un sistema que integre cada uno de los procesos que ejecuta cada comisión permanente en la institución, con la finalidad de evitar la desarticulación de los procesos y generación de reportes y almacenamiento seguro de la información.

Pregunta Once: 11. En caso de haber sugerido sistemas, aplicaciones o plataformas para su departamento, ¿Que funciones deberían de cumplir?, Explique:

Resultados: Mediante las respuestas obtenidas en esta pregunta y la articulación de los sistemas sugeridos en la pregunta diez (10) se expresan las siguientes funciones de los mismos:

Tabla 5.2.

Funciones de los sistemas sugeridos.

Sistemas	Funciones
Creación de un sistema integral.	El sistema debería permitir: • *"Registrar, consultar y generar reportes de la información y así cumplir con las actividades que nos designen a tiempo".* • *"Carga de las evidencias de las diferentes actividades por cada uno de los departamentos".* • *"Asignación de distributivos, horarios, listados de estudiantes que han desertados y que están en riesgo, que manejen reportes administrables de docentes y estudiantes".*
Sistema informático de gestión documental.	El *"Sistema debe permitir gestionar, almacenar, respaldar los documentos y evidencia generada de la comisión e incluso que pueda implementarse en toda la institución".*
Sistema de Control de proyectos integradores de saberes.	El *"sistema debe permitir, la gestión, control y seguimiento de los proyectos integradores de saberes".*
Plataforma Moodle para la unidad de Idiomas.	La plataforma Moodle, debe permitir *"registrar los módulos de inglés A1.1, A1.2, A 2. 1, A 2. 2, B 1. 1, B 1. 2, sus respectivas actividades, por el contrario que permita asignar las calificaciones que cada actividad y verificar el reporte completo de actividades, permita enviar mensajes tipo chat con los estudiantes en la misma plataforma".*
Sistema de control para capacitaciones y certificaciones por competencias.	El sistema debe permitir, *"el registro de los participantes de cursos, registro de los cursos por categoría y área institucional, permita consultar e imprimir los certificados. De preferencia que sea un sistema web para que los participantes puedan descargar su certificado cuando deseen".*
Sistema de seguimiento y control estratégico.	El sistema debe permitir, *"carga de evidencia de cada indicador manifestado en el plan operativo anual. Monitoreo y evaluación del cumplimiento de indicadores, el registro de responsables de cada actividad, notificación de incumplimiento".*
Mayor espacio de almacenamiento en la nube.	Este recurso debería permitir, *"registrar todos los documentos relacionados con las matrículas y demás actividades académicas de los estudiantes".*

Nota. Con base a las respuestas plasmadas en la pregunta diez de las entrevistas aplicadas y las funciones propuestas por los coordinadores de comisión.

Pregunta Doce: 12. Según su criterio, ¿Qué riesgos corre el ISTB al dirigirse al cambio digital de sus departamentos?:

Resultados: De los riesgos detectados en las entrevistas aplicadas a los coordinadores se consideran:

- Riesgos a la falta de evidencias físicas, sobre todo al momento de verificar y validar las firmas de recepción de los documentos.
- Riesgos en la evaluación de documentos por medio del CACES en Ecuador solicitan documentación original con firmas de acta de recepción y evidencias fotográficas físicas.
- Riesgos en los tiempos de entrega de proyectos porque, a veces, se excede en la fecha de entrega, esto es producto de asignación a otras actividades que impiden en cierto grado cumplir con los proyectos a tiempo.
- Resistencia y transición a la hora de integración del personal a los nuevos procesos y tecnologías que se implemente en la institución.
- Riesgo de que se pierda el acceso a los documentos digitales.

Pregunta Trece: 13. ¿Cómo mitigaría usted la resistencia al cambio digital en la institución?:

Resultados: De las respuestas obtenidas se consideran los siguientes mecanismos para mitigar la resistencia al cambio:

- *"Inducciones permanentes, con planes de capacitación bien elaborados, considerando mucho las actividades que están en ejecución en cada uno de los departamentos de la institución, estableciendo seguimientos en el cumplimiento periódico de actividades y uso completo de sistemas".*
- *"Capacitación constante en el uso de los sistemas y mejorar el soporte a usuarios del departamento de tics de la institución".*
- *"Dando herramientas al docente, transfiriendo, unificando procesos y empleo de tecnología, estableciendo los niveles de destrezas desarrolladas en el manejo de tecnología".*
- *"Capacitaciones sobre el manejo de las herramientas tecnológicas, procesos, reglamentos y planes".*

5.2.2. *Discusión de los resultados*

En el presente trabajo de investigación se consideró analizar la situación actual por medio de entrevistas aplicadas a los coordinadores de los departamentos permanentes del Instituto Superior Tecnológico Babahoyo con la finalidad de la verificación de las necesidades operativas y tecnológicas que afrontan las unidades departamentales de la institución, mediante lo anterior indicado se procedió a indagar sobre la fase de análisis en los Plan Estratégico de Tecnologías de la Información, mismo que se contrasta en la investigación de **Urgiles-Siavichay, D. F., & Vizñay-Durán, J. K. (2020)** en la cual expresan que la fase de análisis permite indagar la realidad existente de las instituciones, y busca conseguir el entendimiento de lo que afecta a la estrategia plasmada en las mismas.

Por consiguiente, los resultados obtenidos en las entrevistas permiten expandir la perspectiva de la realidad en cuanto a las necesidades existentes, según los criterios de los coordinadores entrevistados expresan la, no presencia de herramientas tecnológicas para el trabajo que se requiere en las comisiones, está presente además la existencia de saturación de actividades que obstaculiza el óptimo cumplimiento de las actividades asignadas, de otro modo la desconexión total o parcial entre la parte virtual con la documentación en físico de las evidencias generadas por las comisiones, esto se debe a la falta de personal que ejecuta este tipo de acciones. También se presenta el numérico de departamentos de la institución que haciende a veinticuatro (24) comisiones distribuidas según lo considera pertinente la entidad máxima de la Educación Superior Senescyt en Ecuador a través del estatuto institucional aprobado en el año 2019.

Mediante la revisión de la estructura institucional, se pudo constatar que solo se encuentra la figura de cargos como coordinador de comisiones y todos los subordinados dentro de cada una de ellas sirven como apoyo en el cumplimiento de las actividades e indicadores establecidos en el plan general institucional, agregando también a rectorado y vicerrectorado como un departamento más de la institución para verificación de lo expuesto se puede revisar el organigrama jerárquico de la institución en el punto 2.1.12 de este documento y el estatuto institucional, que refleja las funciones y actividades de cada departamento.

Se acentúa y comparan los resultados obtenidos por **Patiño-Padilla, M. & Andrade-López, M. (2020)** con la presente investigación, los autores mencionan la aplicación del análisis situacional realizado para el tratamiento correcto de los datos e información relevante que ayudo a cumplir los objetivos marcados en su proyecto, de igual forma se indica su coherencia y alineación con en este proyecto. Por otra parte, los resultados obtenidos en este proyecto en cierta forma coinciden con los resultados logrados por **Giraldo-Gómez, R. (2021)** los mismos que aducen que las propuestas hechas en su trabajo fueron gracias a la aplicación del estudio de la situación inicial de la institución.

Por otro lado, en este mismo proyecto se identificó el modelo institucional con ayuda de la revisión de documentos como el plan estratégico de la institución y reglamentos internos con la finalidad de saber de buena fuente cuáles son los objetivos, las estrategias, la estructura institucional y funciones de las comisiones permanentes, se indica que en la entrevista se agregó ciertas preguntas para verificar el accionar de los coordinadores frente a las actividades que desempeñan en las comisiones asignadas, con base a lo anterior indicado se estudió la fase dos del PETI en referencia al modelo institucional, concepción de **Urgiles-Siavichay, D. F., & Vizñay-Durán, J. K. (2020)** en la que señalan, que la determinación del modelo de las instituciones se basa a su propio ambiente y establecimiento de las estrategias que sean acorde al análisis FODA, con el fin de plasmar la misión de la institución, su visión y las metas a seguir.

En consecuencia, al párrafo anterior se encontró resultados alineados al cumplimiento del objetivo mencionado anteriormente, en el que se manifiesta un numérico de veinticuatro objetivos plasmados uno por cada comisión existente, por lo que se expone la aplicación de la matriz FODA logrando obtener diez fortalezas, diez debilidades, diez oportunidades y diez amenazas que pueden verse en la tabla 24,25,26,27 de este documento, por otro lado, se aplicó la matriz de evaluación de los factores internos y externos, aplicando el respectivo análisis de resultados del FODA, cabe indicar que en el análisis muestra las oportunidades 1,2, 6 y las fortalezas 1,2,4 como las más relevantes, mientras que las amenazas 2,3,4,5, 6 se muestran como aquellas que necesitan mayor prioridad de reducción o mitigación, se obtiene además cinco principios filosóficos con base al FODA aplicado.

Continuando con lo anterior y con base a la concepción de la institución a través de sus ejes estratégicos, se determinó las estrategias por el eje de docencia, eje de investigación, eje de vinculación y el eje de gestión, estableciéndose de esta forma en el primer eje tres estrategias y diez metas respectivamente, en el segundo eje se establecen cuatro estrategias y diez metas, en el tercer eje se manifiestan tres estrategias y nueve metas, para el último eje se consideran siete estrategias y 23 metas. De otro modo se logra plasmar un mapa de procesos en base a los procesos estratégicos, misionales y de apoyo institucional, en cuanto al organigrama de la institución se propone agregar como nuevo departamento a la unidad de tecnología, se ejemplifica una representación de la arquitectura de información de la institución con cuatro niveles que son, toma de decisiones, estrategias y planeación, ejecución y cumplimiento y por último el seguimiento, control y evaluación respectiva de la información.

Como punto importante de la investigación, se diseñó la respectiva propuesta sobre el plan estratégico de tecnología con base a la aplicación de la metodología PETI con la finalidad de propiciar el cambio digital del Instituto Superior Tecnológico Babahoyo, para ello fue indispensable indagar sobre los planes estratégicos, concepción de **González Millán, J. J. & Rodríguez Díaz, M. T. (2019)** en el que afirman que la planificación estratégica se entiende como el primer paso en el proceso de gestión que implica proyectar o visualizar los objetivos y cómo se van a alcanzar, por otro lado, se contrasta con este proyecto la relación con el cambio digital, bajo la concepción de **Arango Serna, M., Branch, J., Castro Benavides, L., & Burgos, D. (2019)** en la que manifiestan al cambio como una metamorfosis orgánica y estructural que se irá adaptando a través del tiempo, para asegurar su supervivencia, haciendo uso de los medios propios de las instituciones, aprovechando el recurso humano y la situación que la rodea.

También se relaciona a este proyecto la concepción de **Chicaiza-Castillo, D., & Redroban Chimbo, K. (2018)** en él plasman que los planes sobre tecnologías de la información, son un claro proceso que implica meditación para una correcta evaluación de forma positiva el usos de las TIC en los diferentes procesos organizacionales y su realidad particular, tomando en cuenta variable que entran en juego en los procesos, tales como el contexto, el acceso a las tecnologías, los conocimientos, la innovación, la adjudicación de la tecnología y las condiciones existentes en la organización.

De los resultados obtenidos en este punto se manifiestan, al menos, seis actividades importantes que realizan en la unidad de tecnología de la institución, que aseveran la participación de la misma en diferentes procesos institucionales. A demás se logró obtener siete proyectos propuestos por los coordinadores entrevistados de los cuales se tomaron como referente para la proposición final de seis proyectos decisivos que constituirán el modelo de tecnología. Por otro lado, se propuso la reforma de la estructura interna de la unidad de tecnología conformada por cuatro sub departamentos de los cuales se pueden observar en la tabla 9 de este documento así como sus respectivos perfiles para ocupar el cargo de subcoordinador, y funciones respectivas por cada nuevo cargo.

Como respaldo de los resultados obtenidos en la construcción del modelo de tecnología se menciona el aporte de **Patiño-Padilla, M., & Andrade-López, M. (2020)** en el que expresan los resultados obtenidos que concuerdan con la presente investigación, que fue el análisis de las Amenazas, debilidades, oportunidades y fortalezas (FODA), y se constató las estrategias para las tecnologías de la información integradas, la misión y visión, la definición de los objetivos estratégicos del departamento de TI, establecieron, por otro lado, la arquitectura de los sistemas informáticos dentro de los cuales manifiestan aquellos software que facilitarán, la gestión documental, las mesas de servicios, entre otros módulos específicos que faltan incorporar en el sistema, de otro modo, también se cuenta con la obtención de la arquitectura sobre la infraestructura tecnológica de los diferentes módulos que necesitaron implementar, se propuso la estructura organizacional del departamento de TI.

En este punto final, se diseñó el modelo de planeación en el cual se especifica cómo se debe implementar la estrategia de tecnología mediante directrices claras para facilitar su correcta ejecución en la institución, por lo que se indaga sobre el objetivo del PETI en la implementación, de la misma forma expone **Bojacá, J. (2020)** que uno de los objetivos de la planificación de tecnologías, es la implementación de sistemas en beneficio de la administración y los usuarios, además indica que se necesita evaluar los requisitos tecnológicos previamente con relación a las necesidades priorizadas de las instituciones. Por otro lado, la concepción de **Urgiles-Siavichay, D. F., & Vizñay-Durán, J. K. (2020)** respalda el desarrollo de este proyecto, estos autores expresan que, en la fase cuatro de un PETI se identifican los proyectos prioritarios que necesitan ser desarrollados a través de un plan de implementación con la secuencia específica de ejecución de cada proyecto informático concebido.

De los resultados obtenidos en la investigación se manifiesta que, se obtuvo la respectiva lista ordenada de los proyectos de tecnología priorizados, así como la debida estimación de costes de los proyectos por un monto de 1.389,82 dólares, en los cuales no se incluyó costes de mano de obra, ya que los integrantes de la unidad de tecnología serán los encargados de desarrollar los proyectos en sus horas complementarias designadas para tal acción. Por otra parte, se deja constancia que la institución no posee presupuesto propio para el desarrollo de herramientas tecnológicas y, por el contrario, usa la autogestión propia con base a la ayuda del personal interno. Se establece un cronograma de ejecución de los proyectos concebidos tomados como referencia veinticuatro meses de acción con la posibilidad de actualización, se estableció además el respectivo plan de reducción de riesgos de los proyectos priorizados y, sesenta y una políticas para la ejecución de las estratégicas e iniciativas de tecnología de la información en la institución.

Con base a los resultados obtenidos en las entrevistas aplicadas a los coordinadores de departamentos, se exponen cinco riesgos que se pueden suscitarse en su diario laboral, de entre estos se mencionan, el riesgo a la falta de evidencia física, evaluación de los documentos, tiempos de entrega, resistencia e incluso una transición en la integración del personal a los nuevos procesos y tecnologías que vayan a ser implementadas.

Con lo anterior manifestado en los últimos párrafos, se indica la estrecha relación entre este trabajo de investigación y el desarrollado por **Patiño-Padilla, M., & Andrade-López, M. (2020)**, ya que estos autores expresan en sus resultados obtenidos, que elaboraron un plan de implementación completo de las iniciativas tecnológicas propuestas, de igual forma en esta investigación se elaboró un plan pormenorizado y priorizado de la implementación de los sistemas y planes concebidos en beneficio de la institución en la que se realizó estudio. Del mismo modo, se guarda cierta relación con la investigación de **Ávila-Correa, B. (2018)** en el que se deben considerar el análisis de costo-beneficio, el cual es de vital importancia para la estimación de los costos existentes y aquellos beneficios que percibirá la institución contribuyendo a las soluciones internas de manera indefinida.

Con lo expuesto en cada párrafo, se consideran todos y cada uno de los resultados conseguidos en la investigación, desde la aplicación de instrumento, análisis de situación inicial hasta la estipulación del respectivo plan de implementación del mismo, se considera la aplicación de instrumentos que facilitaron la recolección de datos y la predisposición de los involucrados al proporcionar documentos en los cuales se estipulan normas, procesos, actividades y entre otros detalles que fueron considerados importantes para la investigación.

4.5. Conclusiones

- El Plan Estratégico propuesto ha sido cumplido en su totalidad, aplicando las fases de la metodología PETI, que proporcionó un marco de trabajo con el cual se llevó a cabo el análisis, diseño de estrategias, propuesta de proyectos de tecnologías de la información y la planeación correspondiente; para mitigar los riesgos e influir positivamente en la transformación digital del ISTB, aportando a la mejora continua y en beneficio de la acreditación institucional.

- El análisis de la situación actual del ISTB se ha cumplido de forma correcta; mediante este análisis se identificó todas las necesidades tecnológicas y operativas de cada uno de los departamentos, a través de la indagación de documentos, sistemas informáticos e información proporcionada por los jefes departamentales de la Institución, que permitieron conocer más a fondo el alcance competitivo, el modelo de gestión organizacional y las tecnologías implementadas, facilitando de esta manera un diagnóstico más eficaz que revela la carencia de un modelo general de gestión institucional y tecnológico, manifestando que la unidad de tecnología trabaja bajo las estrategias plasmadas en el plan estratégico y el plan operativo institucional general.

- El modelo organizacional del ISTB se identificó a través de la aplicación de la matriz FODA, con la cual se logró el respectivo análisis interno y externo Institucional, que permitió el diseño de la propuesta estratégica, principios y competencias institucionales; por otro lado, se determinó el modelo operativo y la propuesta de una mejora en la estructura orgánico funcional vigente; finalmente se obtuvo la propuesta de la arquitectura de la información que tiene como beneficio guiar el flujo correcto de la información en la institución.

- El modelo de tecnología de información se elaboró integrando un conjunto de estrategias tecnológicas, mediante las cuales se definió la arquitectura de los sistemas de información y la representación del modelo operativo de la unidad de tecnología de la Institución, además se obtuvo una estructura más organizada de la misma unidad, comprendida en cuatro subunidades distribuidas por procesos y finalmente obteniendo la propuesta de nuevos proyectos de tecnología que facilitarán el cambio digital de los departamentos de la Institución.

- El modelo de planeación elaborado, facilitará una correcta ejecución de los proyectos de tecnologías de la información propuestos para el ISTB, priorizando de forma exhaustiva los proyectos y fijando el plan de implementación respectivo con base a la lista priorizada de proyectos; lo que permitirá mejorar la calidad de los procesos que se verán reflejados en el cumplimiento óptimo de los mismos; mediante la administración de riesgos que fue un factor muy importante en la elaboración del plan de reducción de riesgos y las políticas que rigen el modelo de tecnología creado previamente.

4.6. Recomendaciones

- Actualizar periódicamente el Plan Estratégico propuesto, respetando el marco de trabajo contemplado en la metodología PETI; teniendo en cuenta los puntos vulnerables del plan existente, rediseñando las estrategias, en caso de ser necesario, reajustando la cartera de proyectos de tecnologías de la información con base a las necesidades que se presenten durante el periodo de ejecución y además replanteando la planificación de mitigación riesgos que puedan afectar la transformación digital del ISTB.

- Para el análisis de la situación actual de las Instituciones de Educación Superior (IES), es recomendable identificar todas y cada una de las necesidades existentes, tanto a nivel tecnológico como operativo, realizando una verificación profunda de su alcance competitivo, apoyados en todas las herramientas e insumos proporcionados por la IES, sean estos documentos, software, bases de datos, entre otros; que puedan servir como medio de verificación, para obtener un mejor diagnóstico.

- Aplicar la matriz FODA para identificar el modelo organizacional de la IES, con el fin de realizar un apropiado análisis interno y externo, que permita obtener resultados concretos para ser analizados y con base a este análisis, diseñar las estrategias de acción, estructura funcional y demás elementos que integre el modelo de la institución.

- Para realizar el diseño del modelo de tecnología de información, se recomienda establecer las estrategias de acción en materia de tecnología, definir una arquitectura acorde a los sistemas de información a implementar y los recursos que puedan solventar la Institución, además se debe definir una estructura acorde a los procesos que realiza la unidad de tecnología y estipular proyectos tecnológicos que permitan el cambio digital en todos los departamentos del ISTB.

- En la elaboración del modelo de planeación, es recomendable aplicar la priorización de las propuestas de proyectos de tecnología, prestando atención al nivel de necesidad tecnológica y recursos disponibles de la institución; para evitar posibles fracasos se deben administrar los riesgos a través de un plan que permita mitigarlos y finalmente acordar las políticas necesarias del plan de tecnología.

6. BIBLIOGRAFÍA

Almaraz-Menéndez, F., Maz-Machado, A., & López-Esteban, C. (2017). Análisis de la transformación digital de las Instituciones de Educación Superior. Un marco de referencia teórico. *Revista de Educación Mediática y TIC - edmetic, 5*(1), 181-202. Obtenido de https://helvia.uco.es/xmlui/bitstream/handle/10396/14462/Edmetic_vol_6_n_1_12.pdf?sequence=1&isAllowed=y

Álvarez-Hernández, G., & Delgado-DelaMora, J. (2015). Diseño de Estudios Epidemiológicos. *Bol Clin Hosp Infant Edo Son, 32*(1), 26-34. Obtenido de https://www.medigraphic.com/pdfs/bolclinhosinfson/bis-2015/bis151f.pdf

Arango-Serna, M., Branch, J., Castro-Benavides, L. M., & Burgos, D. (2018). Un modelo conceptual de transformación digital Openergy y el caso de la Universidad Nacional de Colombia. *Evsal revistas Education in the Knowledge Society (EKS), 19*(4), 95-107. doi:https://doi.org/10.14201/eks201819495107

Ávila-Correa, B. (2018). Perspectivas de la transformación digital de las Universidades del Ecuador. *Revista ciencias Pedagógicas e Innovación, 6*(2), 01-11. doi:https://doi.org/10.26423/rcpi.v6i2.233

Bernal Payares, O. (2018). Planeación Estratégica y Sostenibilidad Corporativa. *Conocimiento Global, 3*(1), 50-55. Obtenido de http://conocimientoglobal.org/revista/index.php/cglobal/article/view/27/22

Bojacá, J. (2020). Diseño y plan de implementación del PETI en la empresa Software y Soluciones Informáticas Tecnificate SAS . *Tesis de maestría.* Universidad EAN. Obtenido de http://hdl.handle.net/10882/10100

Chicaiza Castillo, D., & Redroban Chimbo, K. (2018). *Plan estratégico de tecnologías de información y comunicaciones basado en la Metodología PETI para la Cruz Roja de Tungurahua.* Universidad Técnica de Ambato, Ambato. Obtenido de http://repositorio.uta.edu.ec/jspui/handle/123456789/28805

Chicaiza-Castillo, D., & Redroban Chimbo, K. (2018). *Plan estretégico de tecnologías de la información y comunicación basado en la metodología PETI para la Cruz Roja de Tungurahua.* Universidad Técnica de Ambato, Ambato. Obtenido de https://repositorio.uta.edu.ec/jspui/handle/123456789/28805

Chinkes, E., & Julien, D. (2019). Las instituciones de educación superior y su rol en la era digital.La transformación digital de la universidad: ¿transformadas o transformadoras? *Ciencia y Eduación, 3*(1). Obtenido de https://revistas.intec.edu.do/index.php/ciened/article/view/1449/2000

Choque, V. (2018). Plan estratégico de tecnologías de la información orientado al éxito de proyectos en Instituciones de Educación Superior. *Rev Yachay, 7*(1), 424-434. Obtenido de https://revistas.uandina.edu.pe/index.php/Yachay/article/view/95/92

DPN de Colombia. (2020). *Manual del Plan estratégico de tecnologías de investigación - PETI.* Obtenido de https://colaboracion.dnp.gov.co/CDT/DNP/SIG/M-TI-02%20Manual%20del%20Plan%20Estrat%C3%A9gico%20de%20TI.Pu.pdf

Escudero Sánchez, C., & Cortez Suárez, L. (2018). *Técnicas y métodos cualitativos para la investigación científica* (Primera ed.). Editorial UTMACH. Obtenido de http://repositorio.utmachala.edu.ec/bitstream/48000/14209/1/Cap.3-Dise%c3%b1o%20de%20investigaci%c3%b3n%20cualitativa.pdf

Espinoza Freire, E. E., Toscano Ruíz, D. F., & Torres Ortiz, S. E. (2019). Gestión de las tecnologías de la información; un desafío del ámbito académico universitario en el Siglo XXI. *Dilemas contemporáneos: Educación, Política y Valores, Edición Especial*(27). Obtenido de https://www.dilemascontemporaneoseducacionpoliticayvalores.com/index.php/dile mas/article/view/59

Feria Avila, H. M. (2020). La entrevista y la encuesta: ¿Métodos o técnicas de indagación empírica? *Didasc@lia: Didáctica Y educación, 11*(3), 62-79. Obtenido de http://revistas.ult.edu.cu/index.php/didascalia/article/view/992/997

Fuentes Barros, E. T. (2019). *Planeación Estratégica para la empresa Emperador Broaster, en la ciudad de Riobamba, provincia de Chimborazo.* Escuela Superior Politécnica de Chimborazo. Riobamba: Repositorio de la Escuela Superior Politécnica de Chimborazo. Obtenido de http://dspace.espoch.edu.ec/handle/123456789/11377

García Peñalo, F. J., & Correl, A. (2020). La CoVId-19: ¿enzima de la transformación digital de la docencia o reflejo de una crisis metodológica y competencial en la educación superior? *Gredos, Universidad de Salamanca, 9*(2), 83-98.

Giraldo-Gómez, R. (2021). *Plan estratégico de tecnologías de la información y la comunicación del Colegio Villas del Progreso IED.* Universidad EAN. Obtenido de https://repository.ean.edu.co/bitstream/handle/10882/10940/GiraldoRicardo2021.p df?sequence=1&isAllowed=y

Gómez-Villoldo, A. (2018). *Matriz de priorización: herramienta de toma de decisiones.* Obtenido de http://asesordecalidad.blogspot.com/2018/02/matriz-de-priorizacion-herramienta-de.html#.YkEFNedBzDc

Gonzáles, D., & Martínez, E. (2021). Implicaciones del proceso de transformación digital en las instituciones educativas de la Armada del Ecuador. *Revista Científica Ciencia Y Tecnología, 21*(29). doi:https://doi.org/10.47189/rcct.v21i29.418

González Millán, J. J., & Rodríguez Díaz, M. T. (2019). *Manual prático de planeación estratégica.* Puebla, México: Ediciones Díaz de Santos. Obtenido de https://books.google.es/books?hl=es&lr=&id=kGzWDwAAQBAJ&oi=fnd&pg=PR9& dq=Manual+pr%C3%A1ctico+de+planeaci%C3%B3n+estrat%C3%A9gica&ots=aB f3kgaFna&sig=rzgEu0pkcHln5EkfkTNbURNBqpw#v=onepage&q&f=false

Gutierrez, C. (2018). La planeación estratégica para la gestión de la calidad con el uso de TI en la Educació Superior. *Revista SCM, 1*(1), 64-76. Obtenido de http://scmjournals.com/ojs/index.php/jscmrr/article/view/4

Hernández Sampieri, R., Fernández Collado, C., & Baptista Lucio, M. (2014). *Metodología de la Investigación* (Sexta ed.). McGraw-Hill. Obtenido de https://www.uca.ac.cr/wp-content/uploads/2017/10/Investigacion.pdf

Huilcapi, N., Troya, K., & Ocampo, W. (2020). Impacto del COVID-19 en la planeación estratégica de las pymes ecuatorianas. *Revista ReciMundo, 4*(3), 76-85. Obtenido de https://recimundo.com/~recimund/index.php/es/article/view/851

ISTB. (2019). *Estatuto Institucional.* Obtenido de https://istb.edu.ec/wp-content/uploads/2019/09/ESTATUTO-DEL-ISTB_compressed.pdf

ISTB. (2021). *PEDI actualización julio 2021-2024*. Obtenido de https://istb.edu.ec/wp-content/uploads/2021/06/PEDI2020_2024-UltActOCS_Nov20.pdf

Jacinto, R. J., & Santos, J. P. (2018). *Planeamiento estratégico de tecnologías de la información y su impacto en la mejora de la gestión de servicios de TI en la facultad de ingeniería de la U.N.T.* Universidad privada del norte, Carrera de ingenieria de sistemas computacionales. Trujillo: Repositorio de la Universidad Privada del Norte. Obtenido de https://hdl.handle.net/11537/13229

Kowask Bezerra, E., Alcántara Lima, F., Motta, A. C., & Boca Piccolini, J. D. (s.f.). *Gestión del riesgo de las TI.* Renata. Obtenido de https://www.cedia.edu.ec/assets/docs/publicaciones/libros/GTI9.pdf

Loor Caicedo, G., Delgado Delgado, D., & Vega Calle, R. (2019). Análisis del plan estratégico de tecnología de la información (PETI) y su contribución para aplicar las PYMES en el sector comercial del Ecuador. *Revista Observatorio de la Economía Latinoamericana.* Obtenido de https://www.eumed.net/rev/oel/2019/09/pymes-sector-comercial.html

Muñoz Rocha, C. (2016). *Metodología de la Investigación* (Primera ed.). Progreso S.A de C.V. Obtenido de https://corladancash.com/wp-content/uploads/2019/08/56-Metodologia-de-la-investigacion-Carlos-I.-Munoz-Rocha.pdf

Patiño-Padilla, M., & Andrade-López, M. (2020). Plan Estratégico de Tecnologías de la Información para el Gobierno Autónomo Descentralizado Municipal de Girón. *Diantel, 5*(1), 459-481. Obtenido de https://dialnet.unirioja.es/servlet/articulo?codigo=7659346

Pedraza Albuquerque, E. (2019). *Planeamiento estratégico de tecnologías de información para la mejora de la gestión educativa en la IE. Politécnico "Pedro abel Labarthe Durand".* Universidad de Lambayeque. Obtenido de https://repositorio.udl.edu.pe/handle/UDL/412

RedHat. (2019). *Gestión de riesgos.* Obtenido de https://www.redhat.com/es/topics/management/what-is-risk-management

Rizo Maradiaga, J. (2015). *TÉCNICAS DE INVESTIGACIÓN DOCUMENTAL.* Obtenido de https://repositorio.unan.edu.ni/12168/1/100795.pdf

Robles-Alarcón, X. (2021). *Propuesta de plan estratégico de tecnologías de información para el Colegio de Ingenieros Agrónomos de Costa Rica.* Tecnológico de Costa Rica. Obtenido de https://hdl.handle.net/2238/12438

Sánchez Casanova, F. S., & Coral, M. A. (2021). Implementación de ITIL versión 3 en las organizaciones: Razones del éxito y fracaso. *Revista Científica de Sistemas e Informática, 1*(2). doi:https://doi.org/10.51252/rcsi.v1i2.191

Sánchez Flores, F. A. (2019). Fundamentos epistémicos de la investigación cualitativa y cuantitativa: consensos y disensos. *Revista Digital de Investigación en Docencia Universitaria, 13*(1), 102-122. doi:https://doi.org/10.19083/ridu.2019.644

Urgiles-Siavichay, D. F., & Vizñay-Durán, J. K. (2020). Plan Estratégico de Tecnologías de la Información, en la Cooperativa de Ahorro y Crédito "Señor de Girón". *FIPCAEC, 5*(16), 195-217. Obtenido de https://fipcaec.com/index.php/fipcaec/article/download/167/259/

Velázquez-Campozano, M. R., Castillo-García, P. G., & Zambrano-Saavedra, M. E. (2016). Planificación estratégica de tecnologías de la información y comunicación. *Revista*

científica dominio de las ciencias, 2(4), 560-570. Obtenido de
https://dialnet.unirioja.es/descarga/articulo/5802866.pdf

7. ANEXOS

Anexo 1. Árbol del problema

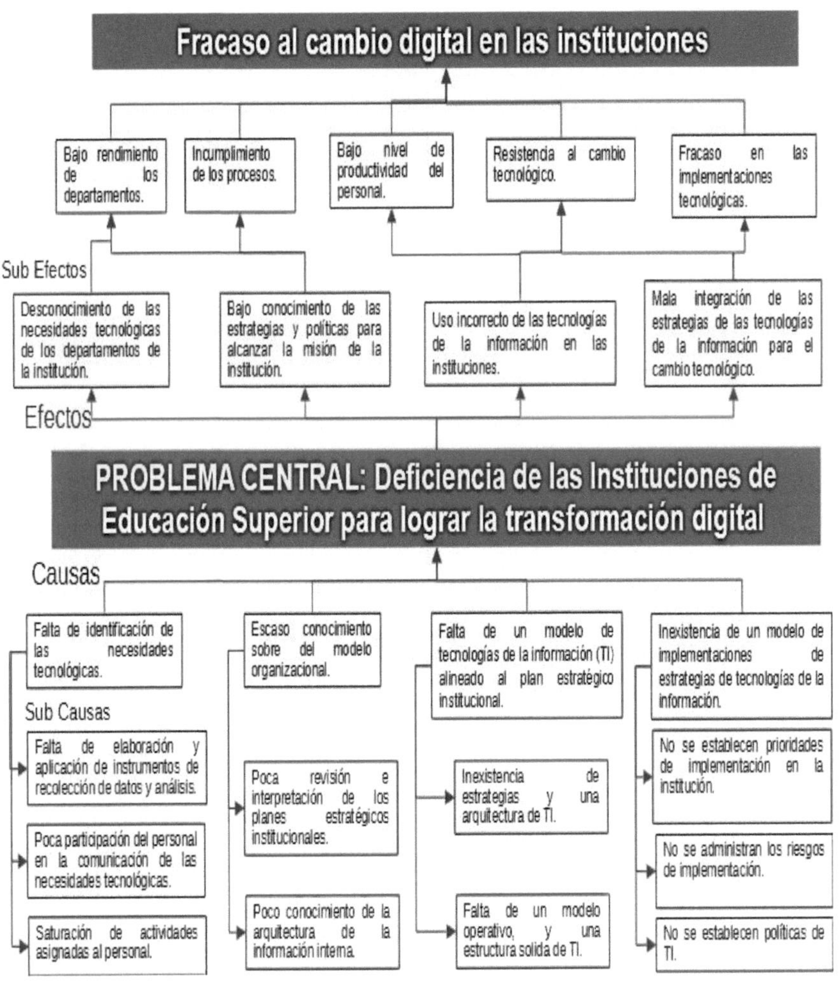

Anexo 2. Formato de ficha bibliográfica

Informes						
Autores	**Títulos**	**Tipo de Tesis**	**Institución**	**Nombre del Repositorio**	**Año**	**URL/ URI**

Artículos de revistas								
Autores	**Títulos**	**Revista**	**Institución**	**Volumen**	**Número**	**Fecha**	**Pág.**	**URL/DOI**

Libros							
Autores	**Editores**	**Año**	**Títulos**	**Edición**	**Editorial**	**Páginas**	**URL/ DOI**

Anexo 3. Formato guía de entrevista

Objetivo:	<u>Obtener información para la elaboración de la</u> **"Planeación estratégica para la transformación Digital. Caso: Educación Superior en Ecuador"**
Lugar de estudio:	
Entrevistado:	
Entrevistador:	

1. ¿Cuántos años tiene laborando en el ISTB?

2. *¿Qué cargo o cargos cumple usted en la institución?*

3. *¿Cuál es el(los) objetivo(s) del departamento al que ha sido asignado en la institución?, Explique.*

4. ¿Cómo le ha parecido el flujo de los procesos en el departamento al que ha sido asignado?, Explique.

5. ¿Qué actividades realiza en el departamento al que ha sido asignado?

6. ¿Qué necesidades o falencias operativas tiene el departamento al que ha sido asignado actualmente?

7. ¿Por qué cree usted que se han venido dando estas necesidades o falencias operativas en el departamento al que ha sido asignado?, Explique.

8. ¿Qué nueva jerarquía interna recomendaría para su departamento y que funciones adjudicaría con el fin de llegar a un cambio digital efectiva?

9. *Según su criterio profesional, ¿Cuáles serían los factores clave para propiciar un cambio digital positivo en la institución?*

10. ¿Qué sistemas, aplicaciones o plataformas recomendaría usted para mejorar el cambio digital de su departamento?

11. En caso de haber sugerido sistemas, aplicaciones o plataformas para su departamento, ¿Que funciones deberían de cumplir?, Explique.

12. Según su criterio, ¿Qué riesgos corre el ISTB al dirigirse al cambio digital de sus departamentos?

13. ¿Cómo mitigaría usted la resistencia al cambio digital en la institución?

Anexo 4: Matriz de categorización y codificación de la entrevista.

Categorías	Subcategorías	Códigos
Experiencia	Años laborales	ALS
Cargos	Cargos asignados	CA
Objetivos departamentales	Objetivo operativo	OEST
	Actividad de planificación	ADP
Procesos y Actividades	Actividad de seguimiento	ADS
	Actividad de evaluación	ADE
	Actividad de soporte	EVAL
	Falta de recurso	FDR
Necesidades	Falta de tiempo	FDT
	Liberación de carga	LDC
Jerarquías	Nivel apoyo	NAP
	Factor económico	FEC
	Factor tecnológico	FTE
Factores claves	Ambiente laboral	ALA
	Autoridades	AUT
	Entidades externas	EEX
	Creación de sistemas	CSI
Proyectos	Adquisición e Instalación de equipos	IEQ
	Desarrollo de planes	DPL
	Creación de repositorios	REP
Requerimientos de proyectos	Requerimientos funcionales	RQF
	Requerimientos no funcionales	RQNF
Riesgos	Riesgos informáticos	RINF
	Riesgos ambientales	RAMB
Acciones de mitigación	Planes y simulacros	PYS
	Capacitación continua	CPC

Printed by Books on Demand GmbH, Norderstedt / Germany